日本とEUの有機畜産

ファーム アニマル ウェルフェアの実際

松木洋一・永松美希 編著

農文協

〈はじめに〉

安全な畜産食品は家畜の健康と福祉抜きに語れない

―「有機畜産」という新しい潮流と本書の課題―

二〇世紀前半までの農業は市場経済のもとでも地域自給的で、それゆえ自然生態系をあまり侵すことのない農法によって行なわれてきたが、後半になると工業部門の発展とともに生産性と効率を追求し、農薬・化学肥料に依存する近代農法に転換し、それが環境汚染と食品の安全性を脅かす起因となった。

二一世紀に近くなって先端的な消費者市民は、本来の農業は工業のように「モノを造る」のではなく「生物を育てる」産業であることを再確認し、生物を育てることとは家畜の健康と福祉を実現することであり、農村地域の多様な生物と共生する農法をすすめることである、との認識に至っている。

しかし、この数十年間の慣行農業では、家畜と作物・土壌を機械・施設のようにみなし、ケージやウインドレス畜舎による集約的飼育や農薬・化学肥料の大量投入が行なわれ、農業の本質が失われてきた。その失われた、動物にやさしく、生物多様性を保全する農業を復活させるとともに、新しい社会のニーズに応える農業の育成を目的として、いま世界の市民は新たな連携をつくり、国境を越えたNGO市民事業を始めている。

その一環として市民による安全な食品と環境に優しい農業を求める活動が世界中で高まり、その消費者ニーズに対応する有機食品の市場規模が拡大している。とくに一九九〇年以降年率五〜四〇%拡大して一九九八年では一三五億ドルとなり、二〇〇〇年には推計二六〇億ドルとこの二年間で倍増という驚異的成長であり、二〇〇八年には八〇〇億ドルに成長する見込みである（*World Organic AgraEurope* 2001.10）。

このように有機食品市場が急速な拡大を遂げつつある背景には、一九八〇年代以降の地球環境汚染問題やチェルノブイリ原発事故、BSE（牛海綿状脳症・狂牛病）牛、ダイオキシン汚染問題、O-157、口蹄疫等の問題があるが、とくにEUにおける一九九〇年代後半以降のオーガニックブームやベジタリアンの増加はBSEの影響によるところが大きい。そしてそのような消費者の価値観の転換に対応する食品企業の経営戦略の転換が急速にすすんでいるからである。

例えばファーストフードの世界的多国籍企業であるマクドナルドは、アメリカ本国のハンバーガー販売額の四二%、鶏卵使用量の三%（二〇億個）のシェアを占めるチェーンであるが、アメリカ国内で採卵鶏農業者へのアニマルウェルフェア・ガイドラインを二〇〇〇年八月から開始している。そのガイドラインはケージ面積を三二一㎠から四六四㎠へ拡大すること、強制換羽を中止すること、Debeaking（くちばし切断）を段階的に廃止することであり、その基準に基づいて農業者と取引契約を行なうことに転換している。また、マクドナルドは二〇〇一年十月からイギリスにおいて大手スーパーマーケットのテスコ等の食品流通企業と家畜福祉研究開発農場Food Animal Initiative（ＦＡＩ）を開設して家畜のアニマルウェルフェア飼養技術の開発に取り組んでいる。

イギリスのスーパーマーケットではすでに有機認証だけでなくアニマルウェルフェアの表示ラベルをつけた畜産物も販売されている。イギリスの消費者の七五％以上はもっと家畜福祉を考慮すべきと考え、四四％は肉、卵および乳製品の購入に際し動物福祉の観点から配慮するとしている。そして、その六九％が家畜福祉に配慮した畜産物であれば追加的な料金を払ってもよいとしている。そのような消費者ニーズに対応して、イギリス大手乳業会社のユニゲートは、乳牛の健康と福祉についての一定の基準を達成した農場には牛乳リッター当たり〇・三ペンスの割増金を与え、反対に達成できなかった農場には同〇・二ペンスのペナルティをかけるという、「優秀酪農業者制度Superior Stockmanship」をスタートしている。

九〇年代から世界レベルで有機畜産と家畜のアニマルウェルフェアに関する議論が進行してきたにもかかわらず、日本ではこれまであまり議論されてこなかった。飼料自給率の極めて低い日本の現状では、地域循環システムを促進する有機畜産の実現は困難であると考えられていることもあり、関心が薄いともいえる。しかし日本も二〇〇一年九月のＢＳＥ牛の発生以来その原因の解明が社会問題となっており、畜産食品全般についての安全システムの確立が緊急な課題となっている。食品のリスクアナリシス（危険性分析）が今後二一世紀の長い期間にわたって世界的に取り組まれなければならない課題となっているなかで、畜産食品の危害回避に関しては、輸入濃厚飼料に依存している加工型畜産からの転換を視野におかなければ根本原因を断ち切ることができないといえる。有機畜産について論議を深めることが、そのような旧基本法農政によって導入され促進されてきた加工型畜産生産力構造を根本的に見直す契機になり、消費者、環境保護・動物福祉活動に関わる市民と生産者、食品産業との連携による日本型の有機畜産フードチェーンのモデル化とその具体的開発をすすめる糸口になると考えられる。

本書では、コーデックス有機畜産ガイドラインと、すでに有機畜産規則を制定し、かつ新たな食品安全システムの開発を目指しているEUの経験を評価しつつ、現在日本で「家畜の健康と福祉を重視した飼育」に先駆的に取り組んでいる事例をとおして、今後の日本型の有機畜産フードシステムのあり方を探りたい。

折しも二〇〇三年十二月、アメリカ合衆国で初めてのBSE牛が発見されたため、同国産牛肉の輸入が禁止された。また、鳥インフルエンザが韓国、ベトナム、タイ、中国などのアジア諸国で猛威をふるっており、鶏肉の輸入も禁止された。そのため輸入に依存している外食産業のメニューから肉料理が消えようとしている。まさにWTO体制の農産物自由化ルールに従属してきた日本の輸入依存体質の脆弱性が現われたものといえる。

日本のみならず畜産食品による人獣共通感染症の危害が二一世紀初頭の地球を襲っている。そのような人類の安全性危機に対する取組みが国際獣疫事務局ＯＩＥによって行なわれているが、とくに二〇〇二年のＯＩＥ総会によって新たに「食品安全」と「家畜福祉」の二つのプロジェクトが付け加わった。ＯＩＥは家畜福祉基準の策定行動を強化するために政府間の協議だけでなく、広く世界のＮＧＯとのパートナーシップの必要性をみとめ、二〇〇四年二月二十三日から二十五日までフランス・パリで世界動物福祉会議を開催した。人間の安全性を保障する社会の実現にとって、「感受性のある生命存在」である家畜が、ともに健康と福祉を享受することが不可欠であるという科学的認識の第一歩が始まったといえよう。

二〇〇四年二月二十五日　ＯＩＥ世界動物福祉会議開催地フランス・パリにて

松木洋一

目次

目　次

[Ⅰ] Philosophy
有機畜産の背景と思想

序章　ファームアニマルウェルフェアの時代
―ヨーロッパの経験と国際獣疫事務局（OIE）の活動―

1 家畜福祉 Farm Animal Welfare とは何か

動物福祉団体がおよそ一五〇年以上にもわたって求めてきた動物福祉 animal welfare の実現とは、動物の苦痛の除去と虐待防止である。その運動には、道徳倫理、思想哲学、習慣文化、宗教などの次元や経済、政治などの次元が複雑にからみあう社会的背景が反映しており、動物福祉が社会一般に受け入れられるためにはより客観的で科学的なその概念と基準が求められてきた。一方で動物保護 animal conservation 運動がこの三〇年間ほど活発化しているが、それは動物種の絶滅を回避するためのものであり、動物個体の保護と苦痛の除去という目的を持つ動物福祉の概念とは区別される。

アニマルウェルフェアの一般概念を検討するため、まずEU社会における家畜福祉の基本的理念と基準原則を先進事例としてとりあげる。

現在EUの市民社会で共通認識となっている基本理念は、一九九七年のヨーロッパ連合成立の憲法ともいわれるべきアムステルダム条約において、家畜の福祉についての特別な議定書の宣言にみることができる。すなわち、「家畜は単なる農産物ではなく、感受性のある生命存在Sentient Beings」として定義され、その理念に基づいて加盟各国とヨーロッパ市民は家畜福祉についてのあらゆる努力をしなければならないとしたことである。

家畜福祉の基準原則としては「五つの自由Five Freedoms」が共通認識として確立している。すなわち、一九九三年にイギリス政府の農用動物福祉審議会UKFAWCが提言した家畜の①「飢えと乾きからの自由」、②「不快からの自由」、③「痛み、傷、病気からの自由」、④「通常行動への自由」、⑤「恐怖や悲しみからの自由」の五つの原則であり、その後の農業分野での動物福祉政策の基準となって政策的・法律的整備がすすめられているのである。

この二つの基本認識は、動物には苦痛とストレスを感受する能力があり、ストレスによって健康を害し病気に感染するメカニズムが存在するという、科学的な根拠に基づいている。それゆえ動物福祉の概念には動物の健康概念が含まれており、とくに家畜は人間の食料や衣服、薬などに利用されているため、その家畜福祉の水準は食料の安全性や品質の向上と密接に結合している。家畜の健康と福祉の水準が人間の健康と福祉の実現を保証しているのである。最近のBSEや鳥インフルエンザなどの人獣共通感染症の発生は、まさに動物の健康が害され病気に感染した結果が人間の健康危害にも影響を及ぼしているのである。

この人間の健康と福祉と結合した家畜福祉論だけではなく、動物には人間の介入から自由な固有な

動物福祉の高・低評価の測定ポイント

(Broom & Johnson, 1993)

低い動物福祉	高い動物福祉
成長ないし繁殖能力の減退	通常行動がみられる
身体の損傷	快適さを示す生理学的指標
疾病	快適さを示す行動学的指標
免疫抑制	強い嗜好行動がみられる
生理的および行動的な対抗行為	
行動学的な病理現象	
通常行動の抑制	
通常の生理過程と解剖学的成長が制限	

権利を持っていると主張する「動物の権利」論の視点、人間による動物の所有や利用を否定する「動物の自由」論の視点、「菜食主義者」の視点からの家畜福祉の概念の論議が活発に行なわれており、また現実的な家畜福祉基準の策定においてもより具体的な定義の検討がすすめられている。次節以下にその内容を論じていくが、理論的な概念はドナルド・ブルーム教授によって「動物福祉 Animal Welfare とは動物の各個体がそれぞれ与えられた環境に身体的及び精神的にいかに適応しているかの状態である」と規定されている（一九八六年）。また、同教授は「動物の健康 Animal Health とは、動物個体それぞれがいかに病理に対応しているかの状態である」と規定した（二〇〇〇年）。そして表のように低い動物福祉と高い動物福祉の水準を評価する測定ポイントを整理している。

以上のように動物福祉の概念は運動論的規定とともに理論的規定がなされてきたのであるが、現在もなお健康と福祉の基準策定にとって必要なより科学的で具体的な概念規定が求められている。とくに動物の苦痛と虐待を回避する運動論理と科学的な根拠に基づく健康と福祉の実現の論理を統合化した動物福祉の論理が市民社会にとって必要となっているのである。

2 ヨーロッパのファームアニマルウェルフェアの歴史

EUは一九九一年にはEU有機農業規則を制定したが、有機畜産に関してはEU加盟各国の地域性、気象条件、消費パターン、食習慣の違いを考慮しなければならないことから市民による長い論議と検討がなされ、その結果、有機畜産規則「有機家畜と有機畜産物並びに動物性材料が含まれた食品の生産原則と検査方法についての規則」が九九年七月につけ加えられ、二〇〇〇年八月に施行された。EUで有機畜産規則が成立した背景には、まず過去の家畜の健康と福祉に反した集約的畜産の反省があり、そして有機農業や有機畜産が農村環境や生物多様性を保全する有効な手段と認識されたからである。この有機畜産規則を制定するにあたって、アニマルウェルフェアは非常に重要な位置を占めている。

EUにおけるアニマルウェルフェアの歴史は長い。アニマルウェルフェアの先進国は皮肉にもBSE牛が発生したイギリスであるが、一九一一年に世界に先駆けて動物保護法を制定している。周知のように一九六二年にはレイチェル・カーソンの『沈黙の春』が農薬の害について広く社会に警告を発したが、この『沈黙の春』に影響を受けて、イギリスでは一九六四年に集約的工業的畜産の残虐性を批判したルース・ハリソンの『アニマルマシーン』が出版され、一般市民の関心を喚起した。それを契機として農薬や化学肥料に依存する農業と家畜の生理と行動様式を考慮しない工業的な畜産とが、ヨーロッパ市民から強く批判されるようになった。

そのような市民運動によってイギリスでは、六五年にはブランベル委員会が「すべての家畜に、立つ、寝る、向きを変える、身繕いする、手足を伸ばす行動の自由を与えるべき」とする基準原則を提案した。その後、家畜福祉の基準原則は、先述したように、農用動物福祉審議会ＵＫＦＡＷＣによって「五つの自由 Five Freedoms」として確立した。六八年には農業（雑条項）法が制定され、家畜への虐待防止のための全般的条項が定められた。その後整備されてくるＥＵの豚、牛、バタリー鶏に関する指令と規則はこれに原型をおいている。この法律は家畜に不必要な身体的精神的苦痛を与えることを規制し、農場には国と自治体が認可した検査官が立ち入り検査し、罰則は三か月以下の拘禁、レベル４以下（二五〇〇ポンド）の罰金が科せられる。また、七面鳥、豚、牛、鹿、アヒル、羊についての福祉勧告規定があり、農場の家畜飼養改善を指導している。市民の意向をより取り入れた家畜の福祉政策をすすめていくために、七九年にイギリス政府は家畜福祉会議ＦＡＷＣを設置した。家畜福祉会議は農場内、輸送中、市場内、と畜場内の家畜福祉の向上をはかるための政策や法令化への助言を行なっている。

これらの先進的な家畜の健康と福祉への市民と政府の取組みがＥＵの法令に反映し、「子牛飼育の最低基準に関するＥＣ指令」「豚飼育の最低基準に関する指令」「家畜の輸送中の保護指令」等のＥＵ指令と欧州評議会による「畜産目的で飼育される動物の保護のための欧州協定」等々が実現されてきた。

ＥＵの家畜福祉政策の進展

■一九七六年　農業動物保護に関するヨーロッパ国際協定

■一九七八年　農業動物福祉指令

■一九八六年　ＥＵ指令「バタリー採卵鶏の保護基準」

■一九八八年　同上改正

■一九九一年「輸送中の動物の保護基準」

■一九九一年「豚の保護基準」

■一九九三年「屠畜時の保護基準」

■一九九五年「採卵鶏の保護に関するヨーロッパ国際協定」

■一九九七年「子牛の保護基準」

■一九九七年　アムステルダム条約の議定書「家畜は単なる農産物ではなく、感受性のある存在 Sentient Being である」

■二〇〇〇年八月「有機畜産規則」施行

さらに、一九九七年のアムステルダム条約にも動物福祉に関する特別な法的拘束力を持つ議定書が盛り込まれ、そこでは「家畜は単なる農産物ではなく、感受性のある生命存在 Sentient Beings」として定義された。そのようなEU市民の意識改革によって有機畜産規則が施行されたのである。

EUでは以上のような農業生産段階での有機農法転換の対策がはかられ、肉骨粉使用禁止や廃棄物処理条件の設定等の対策がとられながらも、BSEが蔓延した。また、口蹄疫、豚コレラ、鶏肉のダイオキシン汚染問題、リステリアやサルモネラ菌による食品汚染問題の頻発から市民の間に食品の安全性を懸念する声が高まり、有機食品だけでなく一般食品の安全性確保のための抜本的な対策が求められるようになってきた。

そのためEU委員会は二〇〇〇年一月に「食品安全白書」を発表し、そこでは、消費者市民サイドに立脚し、食品の生産から消費までのフードチェーンにおいて一貫したシステムで科学的に安全性を保証するために、「欧州食品安全機構」(EFSA: European Food Safety Authority)を二〇〇二年一月に創設した。EFSAの役割は、EU委員会や加盟国の要請に応じて食品の安全性、動物の健康と福祉、植物の健康、遺伝子組換え体、栄養等に関して科学的助言を行なうこと等を担うとしている。その食品の危険性分析リスクアナリシスのうち科学的評価アセスメントを行なう責任を持つ科学小委員会を設置しており、小委員会は公募選出と理事会指名の独立科学者によって構成される。八つの小委員会の一つとして「家畜の健康と福祉」委員会があり、家畜、畜産食品と家畜飼料の生産・加工・流通・消費システムの各段階においてアニマルウェルフェア基準からの科学的検査がなされることになっている。

このような食品の安全性とアニマルウェルフェアとの結合政策はさらに国際的な貿易交渉において

も新たな戦略を提示しつつある。

ＥＵ委員会は二〇〇〇年六月二十八日のＷＴＯ農業交渉において「動物福祉と農業貿易」という提案書を提出した。そこでは、「われわれはＥＵ域内の高い水準のアニマルウェルフェアを奨励し、消費者に動物福祉に考慮した商品を選択できるための正確な情報開示をおこない、農業と食品産業の国際競争力を維持する権利をもっている。そのために動物福祉をＷＴＯ協定の中の非貿易的関心事項として取り扱うべきと考え、まずは多国間において動物福祉協定を締結すること」を要求している。

このような有機畜産と科学的フードチェーン安全管理システムを結合させたＥＵの新しいシステム開発と政策を、日本は早急に検討することが重要であろう。

3　食の安全と環境に直結する家畜福祉の改善

ヨーロッパの農業は危機的状況にある。工業的農業は次から次へと病気を発生させ、環境を痛めつけ農業を媒介とする地域のコミュニティーや地方の暮らしを衰退させ、家畜の福祉を貧しくさせてきた。こうした危機は、主に家畜と作物の集約的生産から生み出されているといえるだろう。この二つは不可分の関係にある。家畜が土地から切り離され過密状態で畜舎の中に永久に閉じ込められるとき、つまりこうした集約的なシステムには、動物たちに供給される穀物、草、大豆といった飼料がどこか他の場所で育てられる必要が生じるのである。

ヨーロッパでは現在、こうした集約的な農業方法で生じるコストの見直しがすすめられている。われわれがどのように家畜を扱うか、そしてその結果、公衆衛生や環境、地方の暮らしにおいてどのようなことが起きるのかといったことの相関関係が明らかになってきている。〝安価な食べもの〟といったポリシーが経済的にどのようなコストを生み出すのかも併せて明らかになってきている。動物の福祉が危機にさらされると食の安全も脅かされることになる（O'Brien, 1997）。牛海綿状脳症（ＢＳＥ）は、草食動物である牛に肉骨粉を与え、肉食動物にしてしまったことが原因である。イギリスでは一〇〇人を超える人がＢＳＥに罹患した（FSA, 2001）。一九九六年までにＢＳＥのために二億八八〇〇万ポンドが費やされ、卵や家禽の肉のサルモネラやカンピロバクター対策には毎年三五億ポンドが費やされている。アメリカでは、畜産業はイギリスに比べより集約的に行なわれていることがあり、食物汚染は四倍もの多さとなっている（FSA, 2000）。過度の動物の輸送はレベルの低い福祉と何種類もの動物の混載が原因で病気の問題を悪化させる可能性がある。豚コレラや口蹄疫は、動物が輸送された際に伝染した病気の典型例である（SCAHAW, 2002）。イギリス国内での口蹄疫の一掃には、三〇〇億〜六〇〇億米ドルがかかると算定されている（Roender, 2001）。

かつて農地ではなじみ深かった鳥類は、環境の健全度を測る尺度でもあるが、急激にその数を減少させている。以前はよく見かけたヒバリ、ハイイロシャコ、スズメは過去二八年間に五二〜九五％も減少している（Gregory et al., 2001）。

農業従事者自体も数を減らしており、農村社会はもはや崩壊寸前である。一九四六年から八九年の間にイギリスの農場で働く人の数は約一〇〇万から二八万五〇〇〇にまでその数を減らした。アメリカではさらに多くの人が離農している（Rowan et al. 1999）。

要するに西ヨーロッパとアメリカでの集約農業は、重大な病気、環境の汚染、家畜の貧しい福祉といった問題を引き起こし、さらに農業を媒介にしたコミュニティーと田舎の暮らしを脅かしているのである。現在、ヨーロッパでは持続可能な農業システムを目標として計画を立てようという真剣な議論が展開している。そして一般の人びとの抗議の声に押されて、家畜の福祉分野では重要な改善が行なわれてきている。

(1) 工場的畜産と改善への道

前世紀の後半に、西ヨーロッパとアメリカにおいて工場的畜産システムの急激な振興が起きた。このシステムの特徴は、多数の家畜を窓のない畜舎に詰め込むことであった。こうした古典的な工場的農場における飼育方法は、次の三つに要約される。すなわち、食肉子牛用のクレート、妊娠ブタ用のストールと繋ぎ飼いケージ、そして産卵鶏用のバタリーケージである。一九六〇年代のこうした古典的な三つのシステムは今やEUでは広範囲にわたり改善される傾向にある。

ヨーロッパにおいて人びとは、動物は感受性のある生命存在であり、痛みや苦しみを感じることができるという事実に気がつくようになった。EUはヴィール子牛用のクレート、産卵鶏用のバタリーケージ、豚用のストールと繋ぎ飼いを、今後延長して使用することを禁止することに合意した。これらは動物福祉の進歩にとって三つの重要なポイントといえる。この間ＥＵは、法的に拘束力のある条約原案—動物は単なる「農産物」ではなく感受性のある生命存在であることを認める条約にも同意した。

しかし、一九八〇年、九〇年代における工場的畜産はより狡猾な形をとりながら拡大し続けている。世論に押され、法律がケージやクレートを廃棄するように促す一方で、工場畜産は、繁殖と給餌の管理の強化にいっそう力を注ぐようになっている。つまり、動物を早く成長させたり、より多くのミルクを生産したりといったことに集中するようになったのである。その結果、例えば生後六週間前に心臓発作に襲われるブロイラーや、新陳代謝がほとんど追いつかないほどのペースで過剰にミルクを生産させられる乳牛など、多くの動物たちが不具にさせられ、健康と福祉が損なわれているのである。工場的畜産での新たな方式では、動物に生理的な無理を重ねさせ、同時にかつてないほどの多頭飼育規模と超過密状態のもとで動物を育成している。また魚も今や工場方式で飼育されている。魚の養殖は世界的に最も急激に成長している人工飼育の分野である。

一九九〇年代以降、ヨーロッパの動物福祉活動は目覚しい改善を達成したといわれている。動物の福祉が今や一般的にも政治的にも重要な事項であると見なされているという事実は、楽観的になってもよいのではと思わせるほどである。ヨーロッパでのキャンペーンは臨界点に達し、その人道的な革命が起こしたさざ波はあまねく広がりつつある。工場的畜産は、世界中に懸念・不安の声をドミノ式に広げているのである。

(2)　ヨーロッパにおける家畜の福祉改善

①繁殖雌豚のストール（仕切り）と繋ぎ飼い（足かせ）

雌豚用ストールと繋ぎ飼いは、妊娠中の雌豚を飼育するシステムである。あまりにも狭い枠の中に収容されるため、豚たちは一六週間の妊娠中、運動はおろか向きを変えることもできない。閉じ込められた雌豚たちは異常行動、常同行動を見せ、蹄を損傷したり切り傷や擦り傷などからの感染症による痛み、弱体化した骨や筋肉、泌尿器感染症、心臓疾患などに苦しめられるのである。

世界の五分の一の豚がEU内で飼育されている。妊娠豚用繋ぎ飼いは二〇〇六年までにEU内で禁止される予定である。また、二〇一三年一月一日から、妊娠豚用にストールを使用することが最初の四週間を除いて禁止される予定である。

フィンランド、スウェーデン、イギリスなどEUのいくつかの国はすでにEU全域での禁止に先立って妊娠豚用ストールと繋ぎ飼いを禁止する国内法を通過させている。

②肥育豚

イギリスで毎年屠畜される一五〇〇万匹の肥育豚の大部分は、餌を探したりうろうろ歩き回ったりすることがほとんどできないほど狭い畜舎に過密状態で飼育されている。最悪の過密状態は、EUの法律が許容される最小限のスペースを法的に定めていることによって防がれている。

断尾と歯削り（子豚に行なわれる切断処置）はもはやイギリス内では許可されていない。しかし、法律に反して断尾は依然として多くの子豚にされている証拠がある。

「汗の箱（sweat box）」とは、肥育豚が周囲から隔離された建物の中であまりにも過密状態で飼育されるせいで、彼らの尿と汗から蒸気が立ち上るために名づけられたものであるが、これも現在イギリスでは禁止されている。

③食肉子牛用のクレート

食肉用子牛のクレートは、屠畜にされるまで閉じこめられて飼育される、両側が狭い木枠の固定された囲いのことである。クレートはあまりにも狭いため、収容されている子牛は死ぬまで向きを変えることすらできない。彼らはグルメが喜ぶ白っぽく血の気のない、「白い肉」となるように液体状の、鉄分を抜いた飼料を与えられている。

ヴィールクレートは一九九〇年、イギリスで禁止され、EU全域では二〇〇七年から禁止される予定である。

④バタリーケージで飼育される採卵鶏

世界で卵を生産する採卵鶏は四七億羽いるが、この四分の三は小さなバタリーケージに閉じ込められている。日本は世界で四番目に卵を生産しているが、一億五二〇〇万羽の採卵鶏のうち九八%がバタリーケージで飼育されている。ワイアーでできたこのケージはあまりにも小さいため、雌鶏は羽ばたくことができない。またあまりにも無味乾燥なため卵のための巣をつくることもないし、あまりにもスペースが限定されているために羽ばたくことができず、骨が大変もろくなり、乾いた小枝のようにポキンと折れる可能性すらある。このケージは九段にも積み上げられることがあり、これは窓のない建物の中に最大九万羽のニワトリが収容されていることになる。

ＥＵのメンバー一五か国全体では、中国に次いで世界で二番目に大きな卵の生産国である。ＥＵの二億七一〇〇万羽の産卵鶏の約九〇％がバタリーケージで飼育されている。しかし、ＥＵは二〇一二年までにバタリーケージを禁止することに合意した。

⑤採卵鶏の強制的な換羽（モルティング）

強制換羽とは、雌鶏の身体にショックを与えることで羽を不自然に早く抜け変わらせる飼育方式である。この「ショック」とは、一〇日から一四日間、給餌を止めたりケージ内を暗くすることを意味する。一年間卵を産んだ後、雌鶏は産卵を自然に止め、その間に羽を生え換えらせる。つまり強制換羽は、雌鶏に可能なかぎり早く、再び産卵させるために行なわれるのである。強制換羽は、日本やアメリカなどさまざまな国で広く行なわれている。この飼育行為は結果として雌鶏に大変なストレスと苦痛を与えるとともに、致死率を劇的に高めている。イギリスの法律は、強制換羽の持つ最も残酷な部分を廃止した。つまり餌、水、光の除去をしてはならないということである。

⑥肉用のブロイラー鶏

毎年、世界中で四〇〇億羽のブロイラー鶏が飼育されている。毎年、日本では六億羽の鶏が屠畜されている。肉用のブロイラーは通常、それぞれの畜舎に何千羽という過密状態で詰め込まれている。彼らはケージの中にいるわけではないが、あまりにも過密状態にいるために畜舎の床は一瞬に彼らによって埋め尽くされてしまう状態である。ブロイラーは驚くべき速さで成長する。あまりにも早く成長するために彼らの骨や心臓、肺の成長がそのペースに追いついていけないほどである。生後六週間未満のヨーロッパのブロイラーは、およそその四分の一が早すぎる成長のために苦痛を伴う麻痺に苦しんだり、一〇〇羽に一羽は心臓疾患で死亡してしまうのである。

ブロイラーがヨーロッパにおける畜産業の最大分野であるにもかかわらず、彼らの福祉を守る特定の法律はない。イギリス政府のガイドラインは、ブロイラーを飼育する際の最大密度を定めているが、絶望的にゆるいガイドラインであるため、依然として過密状態を許している。将来EUの法律が、ブロイラーの飼育において通常見られる過重な苦痛を緩和してくれることが望まれている。

⑦給餌制限―産業自体がつくり出す福祉の問題点

鶏や豚の家畜は、意図的に本来よりも早く、そして大きな身体に成長させるために飼育されてきた。繁殖用の家畜に濃厚飼料を食べたいだけ食べさせると、彼らの体重は重くなりすぎて適切に繁殖することや健康体を維持することができなくなったりする。畜産企業は動物に与える餌の量を制限することで、こういった事態を防ぐのである。

こうした現代品種の繁殖用家畜が体重過多になるのを防ぐために、繁殖用の鶏や豚は、摂取する餌を制限されている。彼らに与えられる飼料には必要な栄養素は十分含まれているものの、全体量が大きく減らされる。その結果、動物は恒久的な空腹感に苦しむことになっている。福祉に考慮した解決策として、動物を早く成長させる現在の飼育方法を転換させることが考えられる。もう一つの策としては、濃厚飼料ではなく繊維質の飼料を多く与えることである。

二〇〇〇年の家畜の福祉に関する規定（イギリス）では、繁殖用ブロイラーを苦しめる最悪の行為、いわゆる「一日おき」の給餌あるいはもっと日をおいた給餌といった給与制限方式を禁止した。

⑧成長促進ホルモン剤

一九九八年以降、ＥＵでは成長促進ホルモン剤の使用を禁止している。これを使用して生産された動物や肉は、ＥＵ内へ輸出することはできない。

⑨牛成長ホルモン（Bovin Somatotropin）

乳牛の乳量を増やすために遺伝子操作によってつくられたホルモンＢＳＴを、ＥＵ内で使用したり売買することは、二〇〇〇年一月一日以来禁止されている。ＢＳＴは乳牛の乳量を一〇％から二〇％増やす。ＢＳＴの使用および販売が禁止されたのは、これが乳牛の福祉に反する影響を及ぼすからである。ＢＳＴが注射された箇所は痛く、長い間腫れ、また痛みを伴う乳房の感染症である乳房炎を多くの場合引き起こしている。

⑩禁止された切断処置

イギリスの法律は畜産動物に対する切断処置の多くを禁止している。これらの行為とは、まず牛の焼印と断尾、外科手術を伴う雄鳥の去勢手術、羊の歯削り、そして鹿の袋角の切除などである。

⑪ヨーロッパにおける動物の長距離輸送

ヨーロッパでは屠畜のためやさらなる肥育のために、おびただしい数の家畜が長距離輸送を余儀なくされている。輸送はしばしば二四時間から三〇時間、あるいはもっと長い時間、給餌や給水、休息のための適切な休憩をとることなく続いている。

ヨーロッパには、動物の移送を管理し、かつ彼らの福祉を守るための複雑な規則がある。これらは決して十分なものとはいいがたいが、それでも法的な枠組みはあるのだから、これを改善していくことはできる。

輸送中の動物の福祉を規定するEUの規則は、EU全域での輸送の最長輸送時間、給餌・給水を行なう間隔、そして動物の休息時間の長さを定めている。この規則のもとでは例えば、法的に羊は最長三〇時間の輸送が認められている。ただし、途中休憩はわずか一時間でよいとされている。EUの法律はさらに、それぞれの許可された輸送について、詳しい行程書を提出するように求めることなどを義務づける条項を含んでいる。

⑫家畜市場

家畜市場は羊、牛、豚、馬など多数の家畜が売買される伝統的な集合場所である。市場は騒々しく混乱しており、動物たちにとってはかなりのストレスを感じる場所といえる。ペン（動物を収容する囲い）はしばしば過密状態で、動物たちは餌や水を与えられることなく、粗雑に扱われる。

イギリスでは世論に押されて、市場への到着から（屠畜場への）出発までの動物の福祉を考慮するための法律ができた。家畜市場にいることが不適切な動物、例えば市場で分娩するおそれのある動物などを市場に出すことは違反である。市場管理者は動物たちが怪我をしていないか、不必要な苦しみを被っていないかを確認する法的な義務がある。また、動物を吊るし上げたり引きずったり、あるいは不適切に縛ったりといった手荒な方法で動物をコントロールすることは非合法行為とされている。杖や鞭、突き棒などは使用を制限されているなど、決して完全とはいえないが、有効な法的枠組みが設定されているのである。

⑬屠畜時において動物を保護するための法律

イギリスとEUには屠畜場で食用に屠畜される、あるいは処分場で食用に不適切と判断され処分される、その直前とその間の動物の福祉を守る法律がある。この法律は一九九五年に拡大され、例えば農場など、屠畜場以外の場所での屠畜や防疫上の理由による屠畜に際しても適用されるようになった。屠畜は、動物を気絶させて意識をなくし、太い血管を切断しすばやい失血によって死に至らしめる方法がとられるように定められている。動物が屠畜される前とその最中に避けることが可能な興奮、痛みに彼らをさらしてはならないということは、基本的な義務となっているのである。特別な場合、例えば宗教儀式による屠畜などの場合を除いて、動物は屠畜される前に気絶させ、意識をなくし、何の痛みも感じないようにしなければならない。ここでいう「気絶」、つまりスタニングとは、死まで続く即座に起きる意識の喪失と定義されている。動物に本来ならば避けられる興奮や痛み、苦しみを起こさせることは完全な違反であり、同様に動物の扱い方、気絶のさせ方、屠畜方法、殺処分方法には個々の規定が設けられている。

⑭高福祉ポテンシャルを持つ農業の奨励

改善ということを考えるとき、福祉がよく考慮された飼育システムの構成要素とは何かということをはっきりと理解しなければならない。動物の福祉に関する主な事項は、福祉ポテンシャルが低い生産方式から逆に照らし出すことができる。これらは、採卵鶏のバタリーケージなどのように飼育動物の行動的、心理的要求をかなえることがなく、したがって動物たちに苦しみを与えるシステムである。

それでは、畜産システムにおける福祉ポテンシャルとは何であろうか？　まず、畜産農業者の高レベルの経営能力（ストックマンシップ）は成功している畜産経営では必須条件だ、ということを認識することが重要である。やはり、福祉ポテンシャルの高低は、適用されている飼育システムと不可欠な関係にあり、またそれによって制約を受けるのである。畜産経営のいかなる方法においても、福祉ポテンシャルに影響するいくつかの要素がある。

これらの要素は、以下のような内容である。

(i)　飼育方式：バタリーケージに見られるような密閉方式。およびこれ以外でも、行動要求を妨げる飼育システムは福祉ポテンシャルが低いといえる。動物がより豊かな環境で飼育されている開放式畜舎システムや放牧システムは、より豊かな福祉ポテンシャルを持っている。

(ii)　育種改良：福祉を犠牲にしてまでも生産を優先させた選択育種によって生み出された家畜。

(iii)　給餌方式：高生産量を確保するための給餌であって、動物に通常の健康と活力を維持させるものではない場合。

（iv）　飼育方法：去勢や断尾、断嘴（くちばしの切断＝debeaking）といった動物に痛みや苦痛を与える損傷行為。これらの処置は、劣悪な飼育方式がもたらす動物間の争いに対処するために行なわれている場合がよくある。
（v）　輸送：荷揚げ、荷卸しのストレスは長距離輸送と結びつき、ストレスとなる。劣悪な輸送状態は低福祉につながっている。

福祉ポテンシャルの問題をよく示している古典的な例は卵の生産方式である。バタリーケージといった窮屈で無味乾燥な環境は、あまりにも抑圧的であるために鶏の行動要求や生理的要求はかなえられることはない。結果として鶏は苦しむのである（Appleby, 1991）。バタリーケージのこうした抑制的性質は、システムに固有の問題で、システムの一部をなしている。すなわち、バタリーケージは福祉ポテンシャルが低いシステムだといえるのである。こうしたシステムの中では、いかに工夫をして鶏をケアしようとも、福祉を高めることはできず苦しみもなくすことはできない。

これに対して放飼式の鶏飼育は、スペースと豊かな環境を備え、福祉ポテンシャルを備えている。当然のことながら、養鶏家の経営能力が低かったり不十分であったりすると鶏は苦しみを蒙ることになる。しかし養鶏家はどのような畜産システムにおいても、その経営能力を高いレベルに維持しなければならないのである。これは、選択的なことではなく、そうである必要がある。同様にデザインの悪い鶏舎は鶏の福祉に悪い影響を与える。ただこうした問題はシステム自体に本来備わった問題ではないので、適切に改善することが可能である。重要なことは、こうした放飼型のシステムが抱える問題が、デザインや運営方法を改善することによって解決できるということであり、このことを通して、システムにおける福祉ポテンシャルをフルに引き出すことが可能となる、ということである。

福祉ポテンシャルが低い動物飼育方式の例を次のようにあげることができる。

（i）動物を狭い畜舎に閉じ込めるシステム：採卵鶏用のバタリーケージ、繁殖雌豚用ストール、分娩用のクレート、食肉子牛用のクレート。

（ii）動物が過密状態で無味乾燥な環境で飼育されるような集約畜産方法：例えばブロイラー鶏や七面鳥の飼育、集約的な豚の肥育、鮭の水槽養殖、集約的および屋内式の肉牛飼育、例えば濃厚飼料の多給システム（barley beef システム）や米国式の屋外フィードロット。

（iii）生理的に集約的な方法：例えばブロイラーを非常なスピードで成育させる方法や乳牛の乳量を増やす方法など。

福祉ポテンシャルが低いために家畜に苦痛を引き起こしている畜産のシステムや方法は、倫理的に容認されない。大きくとらえてみると、福祉ポテンシャルには低いものから高いものまで、幅がある。一方の極、つまり最も低福祉なものとしては、高度に集約的な方式（採卵鶏用バタリーケージなどの密閉方式）があり、中間的なものとして、集約度のやや低い屋内飼育方式（アビアリーのような採卵鶏の飼育方式）があり、最も福祉の高い極に、粗放的な屋外飼育方式、つまり放飼式の養鶏がある。

オーガニック農業は、化学肥料や殺虫剤の使用を避けた、土地を基盤に据えた農業システムである。

予防薬を使用するのではなく、環境と調和した最高の畜産業の実施を通じて病気を防ぐことを目的としている。動物の健康は彼らの行動的、生理的な要求が満たされる状態で彼らを飼育することで促進されるのである。オーガニック農業は、福祉ポテンシャルの高いよい方法の例といえよう。

⑮人道的で持続可能な農業へ

工場的畜産とは、狭いスペースで多数の動物を飼育することを意味する。この方式から生み出される生産品は土地から切り離されたものである。飼料は集約的に他の場所で生産され動物たちのもとに運ばれる。これは、しばしば輸送燃料、化学的殺虫剤といったコストが大変かかり、何よりも環境に大きな負荷を与える。ＡＳＥＡＮ、東南アジア諸国連合のコメンテーターの一人はこう指摘している。「集約的畜産の無制限な拡大からもたらされる環境危機が悪化しそうであること、これを防ぐために何をなすべきかを示す例が、世界には十分に存在する」（World Poultry, 1995）。

家畜をどのように取り扱うかは、しばしば食の安全と環境双方に重大な影響を及ぼしてきた。西欧でのことは、世界的な農業政策が根本的に考え直されなければならないということを証明している。地球上で増え続ける人口をどのように養っていくかという壮大な課題は、今後ますます重要になってゆくであろう。工場的畜産を世界中に広げることは、持続可能な解決方法ではない。食料の未来と世界の畜産業が持続していけるかどうかは、地域の諸条件にみあい、環境を保護し、そして動物の福祉を尊重した畜産方法にかかっているのである。高い福祉ポテンシャルを備えた畜産方式を採用してゆくことは、倫理的で責任のある、持続可能な畜産業の将来を築くための大切な第一歩なのである。

4 国際獣疫事務局による家畜健康・福祉の世界基準策定への取組み

ＥＵによる先進的な家畜の健康と福祉についての取組みとともに、ＢＳＥや口蹄疫、Ｏ‐１５７、ＳＡＲＳ、鳥インフルエンザの世界的な流行によって、家畜の健康と福祉を増進する新たな世界的なレベルでの対策活動が始まっている。とくに二〇〇二年以来、家畜の福祉と畜産物食品の安全性に取り組む国際獣疫事務局ＯＩＥ（Office International des Epizooties：最近では世界動物保健機構 The World Animal Health Organization と呼称が変更される予定。二〇〇四年現在一六六加盟国）の活動が注目される。

国際獣疫事務局ＯＩＥは家畜の伝染性疾病の侵入を防止するために、世界各国の連絡協調のもと、家畜衛生情報の交換、技術協力等を効果的にすすめることを目的として、大正十三年（一九二四年）に動物流行病の予防および研究の国際機関としてパリに創設された。

ＯＩＥが国際機関として重要な役割を持つようになったのは、一九六八年第36回ＯＩＥ総会で制定された国際動物衛生規約（International Zoo Sanitary Code：現 International Animal Health Code）の実施である。この規約は家畜および畜産物の国際貿易の円滑化を図りつつ、家畜疾病の伝播を防止するためのものである。すなわち、動物の伝染病が発生した場合の通報や情報の交換、動物、畜産物の輸出入時の衛生基準や処置についての考え方、重要疾病（リストA、B）ごとの規約、国際間移動時の証明書様式、さらには動物の輸送、病原体ならびに媒介昆虫の撲滅、疫学調査、精液・受精卵の輸出入に係る一般条件、生物学的製剤関係、輸入に関する危険度分析等が盛り込まれている。以来年々改定されて現在に至っているが、とくに二〇〇三年の第71回総会で改正され、BSEの処分対象牛の範囲が、患畜、患畜の発症前二年間および発症後に患畜から生まれたすべての産子、患畜が一歳になるまでの間に一歳以下で同居したことがある牛で汚染した可能性のある同じ飼料を摂取したことが調査により判明したすべての牛、に指定されたことが記憶に新しい。

ＯＩＥの目的は以下のようであるが、とくにＷＴＯ世界貿易機構との関連が重要になっている。

―世界の動物疾患と人獣共通伝染病の実態の透明性の確保。

―科学的獣医学情報を収集、分析し広報する。

―動物疾患の管理についての専門技術の提供と国際的団結の促進を図る。

―ＷＴＯ・ＳＰＳ協定における任務のために、世界貿易を守り、動物と畜産物の国際貿易のための衛生基準を提示する。

―加盟国の獣医サービスについての法的枠組みと方策の改善。

―新しい任務として家畜由来の食品の安全性の保証と家畜の科学的な福祉の増進。

一九九五年一月に設立された世界貿易機関（ＷＴＯ）の設立協定の一部をなしているＳＰＳ協定

（衛生植物検疫措置の適用に関する協定Sanitary and Phytosanitary Measures）は、一九九四年四月に調印されたGATTウルグアイ・ラウンド多国間貿易交渉の最終合意文書に盛り込まれた協定の一つで、国際貿易において検疫・衛生措置が、国際貿易に係る不当な障害・偽装された制限となることを防ぎ、関連の国際機関等によって作成された国際基準等に基づいて各国の検疫・衛生措置の調和を図ること等を目的としている。WTO加盟国は、動物および畜産物の貿易にあってはSPS協定に基づき、①科学的原理に基づいた検疫措置の適用、②原則として国際基準に基づいた検疫措置の実施と措置の調和の促進、③危険性の評価による適切な検疫措置の決定、④検疫措置の公表等による透明性の確保、等を推進することが求められている。

OIEはそのなかで動物検疫の関係の基準を作成する国際機関としての役割を担ってきたが、二〇〇二年第70回OIE総会で新しい目的として動物福祉と食品安全が追加された。動物福祉は現在のところWTOのSPS協定ではカバーされていないのであるが、加盟国は相互交渉でそれを助長するためのガイドラインと勧告ルールを持つことを検討することになった。そして動物福祉は、OIEの二〇〇一年―二〇〇五年戦略計画のなかで畜産食品の安全問題とともに優先課題であることが確認され、輸送上の福祉問題と屠畜における福祉問題を優先課題としている。OIEは動物の健康と動物疾患に関する国際照会機関として、動物福祉についての国際的リーダーシップを担わなければならないとOIE加盟国が決定したことは、大きな変化といえよう。

この新しい任務を実施するために常設の作業部会の設置が総会の満場一致で行なわれた。それによって現在ＯＩＥには、常設作業部会として野生動物作業部会 Working Group on Wildlife diseases（野生動物の病気についての情報と助言提供を任務として一九九四年に設置）、動物福祉作業部会 Working Group on Animal Welfare（二〇〇二年第70回ＯＩＥ総会で設置され、ＯＩＥの動物福祉活動についての調整と管理を行なう）、食品安全作業部会 Working Group on Food Safety（二〇〇二年に設置され、ＯＩＥの食品安全活動についての調整と管理を行なう）の三つが設けられている。作業部会は継続的にそれぞれの分野の動向を監視するとともに、ＯＩＥ加盟国に最近の問題についての情報を会議、セミナー、ワークショップ、研修会を通して知らせる責任を持っている。この作業部会の勧告が二〇〇三年の第71回総会で承認され、専門家の特別グループでまず輸送、人道的屠畜、防疫目的の殺処分について、その福祉基準の策定をすすめることになった。

また、ＯＩＥは、動物福祉研究の必要性を確認することおよび研究センター間の共同研究の推進、大学の教員および学生の動物福祉意識を改善すること、動物福祉専門家をＯＩＥ利害関係者や他の国際組織、動物産業分野、企業、消費者グループへ派遣すること、動物福祉の会議を開き、ＯＩＥの提案をＮＧＯに説明し、またＮＧＯからの提案を求めること、等を新しい仕事に付け加えた。とくにＯＩＥはこの複雑な問題に関わる広い範囲における利害関係者の関わり合いの重要性を認識し、さまざまなＮＧＯとの協働活動を行なうために、大学、研究所、企業、その他の関係団体との協働プロジェクトを始めている。その一環としてＯＩＥは二〇〇四年二月二十三日から二十五日に世界動物福祉会議をパリで開催し、ＯＩＥの福祉基準の原案をＮＧＯに説明するとともに、またＮＧＯからの建設的な意見を受け容れ今後どのようにＯＩＥとパートナーシップが行なえるかの提案を求めた。世界動物福祉会議には七〇か国を超える諸国から四五〇名以上が参加した（日本からもＮＧＯの中心的組織であるＩＣＦＡＷ国際家畜福祉連合のメンバーとして「農業と動物福祉の研究会 Japan Farm Animal Welfare Initiative」の代表者が二名参加した）。会議では世界の動物福祉問題に対する大きな関心が確認され、また途上国を含む世界のさまざまな組織、利害関係者、科学者、非政府組織（ＮＧＯ）間の建設的な対話が可能であることが証明された。二日間にわたり、参加者全員が、陸路輸送、海路輸送、屠殺、防疫目的の殺処分、動物福祉におけるコミュニケーション上の課題、獣医師の役割、動物福祉研究、会議で提起されたより一般的問題の八テーマに分けたワークショップのどれか一つに入る機会が与えられた。これらの討議の結果は、ＯＩＥが動物福祉に関して講じる今後のステップや戦略に役立てられることになる。

二〇〇四年五月の第72回ＯＩＥ総会では、陸路輸送、海路輸送、屠殺、防疫目的の殺処分における動物福祉のガイドライン原案が提案され、それを加盟各国が持ち帰り一年間をかけて検討し、二〇〇五年五月の第73回総会で決定されることになっている。そのようなＯＩＥによる国際的な家畜福祉ガイドラインが決議された場合に、各加盟国の動物衛生業務（Veterinary Services）の全部門が重要な役割と責任を担うことになり、日本の政府と農畜産業者、食品企業、消費者市民の対応が問われることになる。

引用・参考資料

World Organic AgraEurope 2001.10.

Broom, D. M. (1986) Indicators of poor welfare. British Veterinary Journal 142: 524-526.

Broom, D. M. & Johnson, K. G. (1993) Stress and Animal Welfare. Kluwer Academic, Dordrect.

Appleby M. C. (1991) Do Hens Suffer In Battery Cages? The Athene Trust: Petersfield, UK.

Druce, C. & Lymbery, P. J. (2001) Outlawed in Europe: Farm Animal Welfare - 30 Years of Progress in Europe. Animal Rights International: Washington.

FSA (2001) The FSA Guide to BSE. Food Standards Agency: London.

FSA (2000) Foodborne Disease: Developing a Strategy to Deliver the Agency's Targets. Food Standards Agency: London.

Gregory, R. D., Noble, D. G., Cranswick, P. A., Campbell, L. H., Rehfisch, M. M. and Baillie, S. R. (2001) The State of the UK's Birds 2000. RSPB, BTO and WWT, Sandy.

O'Brien, T. (1997) Factory Farming & Human Health. Compassion In World Farming Trust: Petersfield.

Roeder, P. (2001) The 'Hidden' Epidemic of Foot-and-Mouth Disease. Food & Agriculture Organisation (FAO). 21st May 2001.

Rowan, A. N., O'Brien, H., Thayer, L. & Patronek, G. J. (1999) Farm Animal Welfare: The focus of animal protection in the USA in the 21st Century. Tufts Center for Animals and Public Policy, USA.

SCAHAW (2000) Report of the Scientific Committee on Animal Health and Animal Welfare: "The

Welfare of Chickens Kept for Meat Production (Broilers)", March 2000.
World Poultry (1995) Will Chickens Replace Pork in the Philippines? van der Sluis, W., World Poultry-Misset Vol.11, No.11, pp.10-17.

[Ⅱ] Plan & Action
日本とヨーロッパの先駆者たち

第1章　活気に満ちたEUの有機畜産

1　拡大するヨーロッパの有機畜産食品市場

成長する有機食品市場

ドイツでは一九九〇年以来毎年、世界最大の有機農業見本市（BioFach）が開催され、そこでは世界中の有機食品が出展されている。その規模は出展者、来場者ともに年々スケールアップしており、有機食品市場の過熱化と食品企業の熱い思い入れを感じ取ることができる。これは、それだけ有機食品が世界中の消費者に認められ、求められていることの証左であろう。

ヨーロッパの有機食品市場は世界の有機食品市場を二分するほどの規模を誇る。一九九〇年代に入って、世界的な有機食品ブームとともに市場も拡大の一途をたどってきた。あまりに急速に拡大したため、偽装表示やドイツの有機鶏への除草剤ニトロフェンの残留問題など有機食品のスキャンダルも発生しており、ドイツ、フランスなどでは以前ほどの伸びは見られないが、イギリス、オランダ、スイスなどは現在も大きく成長を続けている。さらに旧東欧諸国の市場開発もすすんでいる。全体としてみれば、有機食品市場は、ＥＵの有機農業政策と消費者のニーズに支えられて成長している市場であることは間違いない。

スイスの有機農業研究所 Fibl によれば、ＥＵ一五か国内には、二〇〇一年十二月三十一日現在、有機認証された四四四万二八七五 ha の有機農地と一四万二三四八農場があり、これはＥＵの三・二四％の農地と二・〇四％の農場になり、前年度と比較すると一五％増という驚異的な伸びを見せている。とくにイタリア、スペインなど地中海諸国とフィンランド、デンマークなどのスカンジナビア諸国において伸びが著しい。

ＥＵの有機農業の歴史

ここで、世界の有機農業の歴史を簡単に振り返っておこう。

もともと有機農業は、ヨーロッパの農民運動から始まった。そのためヨーロッパには有機農業の歴史的蓄積がある。一九二四年ドイツのルドルフ・シュタイナーは請われて、不作に苦しむドイツの農業者に、化学肥料に依存しない農業に関する講義を行なった。このときから、有機農業の始まりといわれるバイオダイナミック農法が始まった。一九二七年にはこの農法を実践するグループは、他の農産物と区別するため「デメター」の商標ブランドをつけて自分たちの農産物を販売したという。いわゆる有機認証の始まりである。その後、近隣諸国にバイオダイナミック農法を実践するデメターが次々と結成されていった。

イギリスではインドのアジア式循環農法に感銘を受けたアルバート・ハワードが有機農業を提唱し、

その農法を実践するためソイルアソシエーションがエディ・パウファによって一九四六年に設立された。

スイスのハンス・ミュラーもハワードに影響を受け、有機・生態的農法を開始し、有機農産物の宅配事業も始めている。このミュラーの農法はドイツやスイスなどドイツ語圏での有機農業の最も一般的なモデルとなっている。

その後の有機農業の普及は必ずしも平坦なものではなかったが、一九六〇年代半ばから世界的な自然保護運動やエコロジー運動の高揚と相まって、一九七二年には世界で初めてであり、かつ現在でも唯一の国際的なNPO組織である「有機農業運動国際連盟」が結成され、国際基準づくりやその後の世界の有機農業運動の普及に大きな力を発揮してきた。

一九七三年には、スイスで、初めて民間の有機農業研究所 Fibl (Forschungsinstitut fuer Biologishen Landbau) が設立され、現在も世界で最大の有機農業研究所となっており、さまざまな有機農業に関する調査や開発研究を行なっている。一九七五年にはドイツでも有機農業研究所が設立された。

一九八〇年代になると世界各地で次々と有機農業団体が結成されるようになった。

世界的な関心の高まりと、食品市場としても魅力が出てきたため、一九九一年にはEU有機農業規則がEU委員会で制定され、一九九三年には施行された。さらに一九九二年の農業環境政策の一環として、有機農業に対する支援策が開始されるのである。

スーパーマーケットの有機食品戦略

ＥＵの有機食品市場が急速に拡大してきた要因は、ＥＵ共通農業政策による有機農業支援策ともう一つには大手スーパーマーケットによる有機食品販売戦略の採用があげられる。

有機食品は、その歴史が始まってから、一般の食料品店で販売されることは少なく、自然食品店、ドイツから始まったリフォルムハウス等の専門店やあるいは農場直売で販売されてきた歴史がある。それが、一九九〇年代の有機食品ブームに大手スーパーマーケットが参入してきたことで、従来より

安い価格と品揃えで消費者の潜在的需要を掘り起こし、拡大してきたのである。このスーパーマーケットが参入してきた背景には、一九九二年のＥＵ市場統合以来、スーパーマーケット間競争が激化してきたことがある。競争にうち勝つため、大手スーパーマーケットはプライベート・ブランド商品開発と食品安全管理システム開発を中心的な

経営戦略に据えてきている。

スーパーマーケットが発達しているイギリス、ドイツはもちろんのこと、オーストリア、スイス、デンマーク、スウェーデンでも近年とくにスーパーマーケットでの有機食品取扱いが顕著である。

ＥＵの消費者は国や地域によって食生活に相違があるため、食品製造業のナショナルブランドより、スーパーマーケットのプライベートブランドを好む傾向がある。そのため、スーパーマーケットもとくに最近はサラダやチルド食品等の生鮮食料品チェーン開発に力を投じており、九〇年代後半以降は有機食品の開発に力を入れ始めた。

イギリスはヨーロッパの中でも最もスーパーマーケットが発達している国といわれている。そこで次節では、イギリスの有機農場を取り上げるため、ここではイギリスのスーパーマーケットの有機畜産物に焦点を当て、その開発状況について取り上げ、イギリス有機畜産市場の状況を把握しておきたい。

二〇〇一年にイギリスの世界農業支援協会ＣＩＷＦ（Compassion in World Farming Trust）がイギリスの上位一〇社スーパーマーケットの畜産物の取扱いについて調査を行なっている。それをみるとイギリスの各スーパーマーケットが安全でアニマルウェルフェアに配慮した有機畜産物や、それに近い畜産物の開発に力を入れていると回答している。その一〇社とは、アスダ、コーポラティブグループ（ＣＷＳ）、アイスランドフーズ、マークス＆スペンサー（Ｍ＆Ｓ）、ヤイフウェイ、セ

表1　プライベートブランドの割合（%）

会　社	牛肉	羊肉	豚肉	ベーコン	ハム	鶏肉	牛乳	卵
ASDA	100	100	100	95	95	100	96	98
CWS	99	99	99	70	80	99	99	99
Iceland Foods	100	10	60	60	60	60	40	5
Marks & Spencer	100	100	100	100	100	100	100	100
safeway	100	100	100	70/65	80	95	95	92
Sainsbery's	98	98	98	78/81	95	95	97	95
Somerfields	98	98	98	30	30	90	100	90
Tesco	?	?	?	?	?	?	?	?
Waitrose	100	100	100	85	85	95	90	90
Wm Morrison	100	100	100	98	95	99	96	97

インズベリー、サマーフィールド、テスコ、ウエイトローズそしてモリソンズである。

一〇社中八社がすでにアニマルウェルフェアポリシーを持っており、アニマルウェルフェア委員会を結成している社も存在する。

各スーパーマーケットのプライベート・ブランド開発を表1に示した。

スーパーマーケットによってプライベートブランドの割合に差があるものの、M&Sのように一〇〇%自社ブランドのみの会社をはじめ、一〇〇%に近いスーパーマーケットが存在していることがイギリスの大きな特徴である。

このプライベートブランド開発の一環として有機畜産物も開発されている。表2はその取扱い品目を見たものである。

はっきりした回答がないスーパーマーケットもあるが、ウエイトローズや、テスコ、セインズベリー、CWS、セイフウェイ等、量的にはわずかだが、認証された有機農産物を扱っている。サマーフィールドも最近取扱いを始めている。

表2　スーパーマーケットでの有機畜産物の取扱い状況（%）

	Asda	CWS	Iceland Foods	Marks & Spencer	safeway	Sainsbery's	Somerfields	Tesco	Waitrose	Wm Morrison
牛肉	0.4	2	N/A*	?	1	1.5	開始	2	5	0
羊	0	0	N/A	?	1	2	開始	2	5	0
豚ベーコン，ハム	0.9	2	N/A	?	1	豚 2 ベーコン 0.7 ハム 1	開始	1	10	0
鶏	0.2	2	N/A	?	1	1	開始	1	10	0
七面鳥	0.15	0	N/A	?	1	1	0	2	2	0
鴨	0	0	N/A	?	0	0	0	0	0	0
鮭	0	0	N/A	?	1	2	0	1	20	0
鱒	1	60	N/A	?	1	0.4	0	1	15	0
牛乳	5	5	N/A	?	3	4.6	0.5	4	20	4
卵	5	5	N/A	?	5	9.9	1.7	4	20	1

＊回答なし

扱っている有機畜産物の品目は、牛肉、羊、豚、鶏、養殖鮭、養殖鱒、牛乳、卵と幅が広い。ウエイトローズに至っては二〇%以上の取扱いがあるものが鮭、牛乳、卵と三品目もあり、一〇%以上の取扱いのあるものも豚、鶏と二品目ある。セインズベリーも牛乳は四・六%、卵は九・九%とほぼ一割を占めている。このように消費者は一般のスーパーマーケットで十分有機畜産物を購入することができるのである。

ウエイトローズはソイルアソシエーションから最も優れたベストスーパーマーケットとして表彰されているし、セインズベリーは同社が有機食品の販売に力を入れているため、ベンダーである有機食品生産者を組織し、有機農業生産者組合を結成し、有機食品に関する情報の伝達と開発普及に努めている。次節以降で紹介する二つの農場もウエイトローズやセインズベリーそしてモリソンなどに有機畜産物を出荷している。

これらの有機畜産物の販売を行なっているスーパーマーケットは、今後その取扱量を拡大したいと考えており、有機畜産生産者の開拓に力を注いでいる。

2 〝有機農場から有機食卓へ〟を追求するイギリス第二位の大規模農場

―シープドローブオーガニックファームの有機畜産―

イギリス南部のバークショアに位置するシープドローブオーガニックファームは、全英第二位の規模を誇る大きな農場だ。そんな大規模農場が約二〇年来有機農業を実践し、自然生態系の保護活動もあわせて実践していることは賞賛に値する。二〇〇〇エーカーの広大な牧草地で牛、豚、羊、鶏が自由に草を食み、遊んでいる姿を見ると、これこそが動物本来の行動様式であることを認識させられ、経済的効率のみを追求した加工型畜産の飼養方法が誤りであることを気づかせてくれる。

この農場で生産された畜産物は、インターネットを通じて消費者販売されるe-コマースや、イギリスの最も古い伝統ある有機農業団体ソイルアソシエーションの所在地でもあるブリストルという都市で直営しているシープドローブ食肉店、そしてセインズベリーやウェイトローズなどの大手スーパーマーケットで販売されている。そこで、この節では、シープドローブオーガニックファームの有機畜産への限りない挑戦について紹介する。ちなみにシープドローブとは、イギリスに古くからある言葉で、羊の歩いた道という意味である。

(1) 経営の概況

シープドローブは、イギリスの首都ロンドンから車で約二時間のバークショアという町の丘陵部に二〇〇〇エーカー（約八一〇ha）の土地を有しており、ソイルアソシエーションから有機認証を取得している。オーナーは出版社の社長であるピーター・キンダズレイ氏とその妻であるジュリエット・キンダズレイ氏である。

自らの経営理念を「〝有機農場から有機食卓へ〟を実現できる真実の組織として、有機農法による高品質の食べ物の生産に情熱を傾け、農場の生物多様性を高めることに専念する。さらに私たちは私たちのビジョンを他の人たちと共有したいと思う」とし、農場を、生物多様性を維持しながら高品質でアニマルウェルフェアに配慮した有機食品の販売で利益を上げ、地域経済に貢献できる場所と位置づけている。

農業経営は夫婦が長年追い求めてきた夢であり、経営方針はオーナー自らが決定している。実際の農場マネジメントには専門家を雇用し、有機農業の技術開発と日々の農作業、販売業務は、そのマネージャーたちを中心にすすめられている。全農場の約五〇%に冬小麦、ライ麦、パン用ライ麦、そして飼料用ライ小麦がすべて農薬、化学肥料を使用しない有機農法で栽培されている。残り五〇%には牧草を有機栽培している。作物の栽培にはイギリスの伝統的な七年輪作の手法を導入し、基本的に全耕地の輪作を実施している。さらに八〇〇エーカーの近隣農地を借入し、こちらも有機農業に転換しつつある。

現在、シープドローブ農場で飼養されている家畜は、牛、豚、羊、鶏、七面鳥で、それぞれの飼養頭羽数等は、

①肉牛については、一四〇頭の繁殖用雌肉牛の放牧とその子牛の肥育生産、

②一七〇〇頭の繁殖雌羊とその子羊の肥育生産、

③豚に関しては、三〇頭の豚とその子豚の肥育、

④一六〇〇羽のクリスマス市場向けの七面鳥の平飼い生産、

⑤毎週二〇〇〇羽の平飼い鶏肉の生産、

であり、すべて放牧もしくは平飼いである。

農場に隣接して精肉工場を所有し、そこで家畜のと畜、解体、精肉処理、パック詰めを行なうことができる。生産から販売までの全過程をトレーサビリティの確保できるチェーンとして一貫経営しており、チェーン形成の点からみても、極めて先進的な事業経営といえるだろう。

(2) 農法上の特徴

このシープドロープブオーガニック農場の農法上の大きな特徴は、大きく二つ取り上げることができる。

まず第一に輪作である。農薬、化学肥料をまったく使わないで栽培するため、数多くの工夫が見られる。

穀物を栽培する農地では、土地の肥沃土を増すため、まず二~三年赤クローバを栽培し、次に白クローバを作付けする。この五年間のクローバによる土づくりの後、一年は、パン用小麦、その後はライ小麦を養鶏用飼料とわらぶき屋根のわら用に栽培し、さらにその後一年は、冬季の羊の飼料用カブと春に穀物を再びクローバとともに栽培している。パン用(種子用)小麦とライ麦、大麦か小麦、もしくは豆類を中心にクローバとともに栽培するのである。こうした輪作によって雑草が抑えられる。

放牧地となる草地は、チコリーの放牧地とその他の混合放牧地に区分され、大きく三つに分類できる。

チコリーの放牧地は非常に重要である。チコリーはハーブの一種であり、土壌中のミネラルを十分吸収するため、家畜の健康に有効に働くという。

長年エン麦がはびこっていた土地には、Aのような組み合わせで牧草を播種する。

A

4倍体ペレニアル（多年生）ライグラス	5kg/ha
メドウフェスク	5.5kg/ha
トールフェスク	4kg/ha
シープフェスク	2.75kg/ha
オーチャードグラス	4kg/ha
小葉型白クローバ	1.25kg/ha
羊用パセリ，オオバコ，ノコギリソウ	2.5kg/ha

B

プレミアム2倍体ペレニアル（多年性）ライグラス	3.75kg/ha
チボリ（有機）4倍体ペレニアルライグラス	6.5kg/ha
エクストラ2VP早生チモシー	1.5kg/ha
セヌメドウフェスク	5kg/ha
スパルタオーチャードグラス	5kg/ha
アリス大葉型白クローバ	3.5kg/ha
草地HUIA中葉型白クローバ	2.5kg/ha
バーズフットトレフォイル	5kg/ha
ハーブ類，羊のパセリ，オオバコ，チコリ，ノコギリソウ	1.2kg/ha

ホワイトクローバを主体とした放牧地である混作地には、Bのような牧草が混播され、ときには乾草やヘイレージの調製に利用されている。

この中にあるオーチャードグラスは干ばつに対して大変抵抗力があり、白亜質で表層の薄い土壌に適しているため、イギリスの草地には適した重要な牧草である。また、バーズフットトレフォイルはタンニンを含有し、鼓腸症を予防するために常時放牧地に播かれている。現在ではさらに鼓腸症の危険性を回避するためバーズフットトレフォイルの割合を高め、クローバの割合を減少させようと試行している。

赤クローバ輪作草地は二年から三年である。三年目の段階でブラックグラスのライフサイクルを破壊し、根が持ち上がること

C

アバリーン４倍体ハイブリッドライグラス	5kg/ha
プレミア２倍体ペレニアルライグラス	6.25kg/ha
チボリ（有機）４倍体ペレニアルライグラス	6.25kg/ha
草地HUIA中葉型白クローバ	1.25kg/ha
アルタスウェードHUIA晩生赤クローバ	2.5kg/ha
マーヴィオット早生赤クローバ	3.75kg/ha
バーズフィットトレフォイル	5kg/ha

で土壌が改良される。シープドロープでは、白クローバを過去三年間混合輪作草地に播種し、鼓腸症予防対策として白クローバ主体の混作地同様バーズフットトレフォイルを栽培してきた。このタイプの牧草地はCのような構成である。

いずれの場合も、多品目を組み合わせており、病気を予防するため、ハーブ類をうまく組み合わせている。

このような輪作や混作はローマ時代からヨーロッパ農業の基本を形成してきたが、農薬、化学肥料を使用した単作の普及により、姿を消してきた。このシープドロープでは、この伝統的農法を新しい科学的な裏付けによって復活させようと努力している。

このシープドロープで収穫された穀物は、家畜の飼料として給餌されるだけでなく、農場も出資している「有機種子会社」を通して他の有機農業生産者に有機種子として販売もしている。

シープドロープのもう一つの興味ある試行は、すべての輪作穀物ほ場の周囲に約二mのクローバと牧草を残していることである。この二mのマージンを、シープドロープでは、昆虫土手と呼んでいる。この昆虫土手が、イラクサやギシギシ、ヤエムグラ、エニシダなどの雑草が穀物ほ場に進入してくるのを防ぐと同時に、さまざまな益虫の貴重な生息場所となり、自家製の天敵「殺虫剤」地帯の役割を果たしてくれるのである。

また、この土手は、ハタネズミやハツカネズミの生息場所ともなるためフクロウやチョウゲンボウの訪れる場所となり、シープドローブでは巣箱をおいているため、猛禽類の休息場所ともなっている。シープドローブは、こうした野生動物の観察場所としても優れた場所となっているため、メンフクロウ保護ネットワークの本拠地となり、そのコーディネーターは、イギリス政府の公務員として雇用されている。有機農場は、生物多様性と教育のための場所としても重要な役割を担っているのである。

(3)　家畜の飼養

シープドローブの家畜生産は、動物の健康に十分配慮し、絶えず改善を重ねている点に大きな特徴がある。各家畜の飼養について紹介する。

肉　牛

一四〇頭の肉牛を飼養している。当初はシンメンタールとホルスタイン種の交配種から育成された牛を飼養していたが、脂肪分過多であったため、リムザーン種と交配し、再度ホルスタインと交配してきたが、さらに気質がおとなしく放牧により適した品種であるサウスデボン種へ更新するため、その種牛を導入している。他から肥育牛の導入をすることはないので、これらの牛は当然のことながら、BSE感染の心配のない牛である。

そのほかアバディーンアンガス種も導入しており、これは小柄な牛の種牛の役割を果たしている。このようにして、放牧に適した品種改良にさまざまな努力を重ねている。

分娩は基本的に屋外で行ない、そのことによって関節病や肺炎に犯される危険を小さくしている。

晩秋の十一月になると畜舎に入れるが、それ以外の時期は一貫して放牧している。冬季は畜舎で乾草やヘイレージを与えるが、濃厚飼料を与えることはいっさいない。畜舎は追い込み形式であり、屋根が高く、大きな通気口がある。敷きわらは一週間に三回交換する。

放牧地の飼養密度は一頭当たり二エーカー（約〇・八ha）あり、慣行農法平均である一・二五エーカーの一・六倍の広さである。畜舎も、慣行肥育では一頭当たりのスペースは五m²だが、シープドロ―ブでは七m²と十分な広さを確保している。

子牛は遅めに離乳させ、放牧させる準備のためにサイレージを注意深く給餌している。鼓腸症を予防するための春まき小麦とサンフォン牧草を混合播種している農地が四〇エーカー（約一六ha）ある。

病気に対してはハーブなどを与えて健康な個体を維持することが基本であり、抗生物質を使用することはほとんどない。また、クレイ土壌を用いた「自然抗毒素」治療法を試みている。これは、シープドローブのアニマルウェルフェアの新しい段階である。

こうして、アニマルウェルフェアと飼料に配慮した肉牛生産は市場で大変高い評価を得ており、高級スーパーのウェイトローズや有機食品販売に力を入れるセインズベリーでも販売されている。この牛肉は消費者の評判も大変よいので、今後、この肉牛生産を増加させたいとシープドロープでは考えている。

豚

農場内には三〇頭のサドルバック繁殖用雌豚を飼養しており、デュロック種豚と交配し、放牧に適した品種と良好な肉質の維持が可能な品種への改良を実践してきた。種豚も飼養しており、高品質の維持に努めている。雌豚は子豚が誕生すると八週目までは、母子一緒にほ場を電気柵で区切り、放牧し、病気の予防を図っている。八週目になったら離乳し、別な肥育用の放牧場に放牧する。このことで、母豚のストレスを減少させ、次の出産に備えさせることができる。

豚の行動様式に十分配慮するため、放牧場には堆肥運搬車のタイヤで溝をつくり、豚が十分地面を引っかき回すことができるようにしたり、また水浴びができるような水たまりをつくってある。駆虫や病気予防には、ハーブとして栽培しているニンニクを食べさせたり、エッセンシャルオイルを使用するなど、薬剤を使用しない飼養方法を開発している。

この放牧豚はすべてe-コマースによる宅配と直営店で販売されている。

鶏

イギリスで伝統的な放牧品種であるハバード二五七カラーパックを飼育している。この品種は、スーパーマーケットの希望する出荷重量に適合しており、死亡率も低い。味もよく、廃棄率も少ないため導入されたものである。

薬剤は原則として与えないが、パラコックスワクチンだけは与えている。

肥育期間は七〇日であり、通常の鶏より飼育期間が長くなっている。地域の孵卵場から孵卵後一日経過した雛を導入しており、清潔で採暖された育雛舎に移される。育雛舎には十分なスペースと止まり木があり、CDで音楽が流されている。砂遊び場もあり、そこには抗菌性オイルを含ませており、それによって、雛の足の皮膚を強く、足瘤病やけがを減少させることができる。

二一日目には、放牧地に設置された移動式鶏舎に移される。この鶏舎はシープドローブが鶏の生態を長年研究して独自に開発したものである。朝になると鶏たちは鶏舎から出され、夜になると入れら

れる。どの鶏も最初入れられた鶏舎に必ず帰ってくるという。夜室内に入れるのは、キツネやアナグマなどに襲われるのを防ぐためである。放牧地には、鶏の健康によいハーブが何種類も栽培されており、鶏たちは自由についばむことができる。

こうして七〇日間飼育された鶏は農場に隣接した屠畜場に運搬されるが、屠畜場への運搬もアニマルウェルフェアに配慮して行なわれる。ストレスを減らすため、鶏は夜捕獲する。夜捕獲することで、鶏が傷つくことを避けるのである。放牧場から屠畜場まではわずか一〇分の距離である。途上では照明に配慮し、電気ショックのストレスを和らげるため、鶏の胸にシートを付ける。

牛、豚、鶏以外の羊、七面鳥についても十分アニマルウェルフェアに配慮した飼養を実践し、かつ、それぞれの家畜の行動様式を子細に研究し、飼養方法の改善や開発に余念がない。

農場内循環システムの向上

牧場内の持続可能性を向上させることは、有機農業の理念を追求する上で、大変重要である。家畜の排泄物、屠畜場から排出される汚水等は、有機農場でも解決しなければならない課題である。シープドロープでは家畜排泄物は堆肥化され、ほ場に還元されている。汚水処理については、最近葦原を利用した水質浄化システム・リードベッド浄水システムを開発した。このシステムで生活排水、食肉処理廃水など農場内すべての廃水を処理することができる。最終的に、農場から排出された排水は、環境保護局によって検査される。このリードベッド浄水システム処理方法によって汚水は安全なレベルまで浄化される。

以上、シープドローブオーガニックファームの先駆的な取組みについて見てきた。シープドローブの有機農法と有機畜産の実践は現状にとどまることがない。それは確固とした経営理念を持ち、有機農業の普及というミッションを持っているからである。その姿勢が、有機原則に近づける技術開発、動物の行動様式に沿ったアニマルウェルフェアの研究と実践、農場オープンデイでの消費者との交流、そして最終的には消費者の望む安全で味のよい食肉の生産とさまざまな面での努力に現われているのであろう。日本の状況と比較したとき、確かに経営の規模にあまりにも大きな格差があり、比較にならないとの見方もできるかもしれないが、内容については十分学ぶべきところがあると考える。

3 有機農場のブランド戦略
―イーストブルックファームの有機畜産―

(1) 農場の沿革と概要

イギリスの有機農場をもう一つ紹介しよう。それは、ヘレン・ブローニングさんが経営するイーストブルックファームである。前節のシープドローブと同じイギリス南部の都市、スインドンの近郊、ビショップストーンの村の低地に位置する一三三七エーカー（約五四〇ha）の広大な農場である。

この土地は英国教会が所有しているが、一九五〇年からブローニング家が借入し、農場経営を行なっている。当時から、肉牛、羊、二つの乳牛群、そして穀物と豆類を栽培する複合経営を行なってきた。

現在の経営者ヘレン・ブローニングさんが農業大学を卒業後、父親から経営を移譲された一九八六年、イギリスの有機農業団体であるソイル・アソシエーションの基準に従って、慣行農法から有機農業への転換を始めたのである。ヘレンさんは、環境保全やアニマルウェルフェアにはほど遠い従来の慣行農法に限界と危機を感じ、自らが経営者になったとき、果敢にも有機農業へ挑戦したのである。順調に転換がすすみ、一九八九年には、近くの町の食肉店の店頭に有機牛肉を並べることができた。一九九四年にはすべての土地を有機農地に転換することができた。同時にその年、近隣の農業者とともに有機農業生産者グループを結成して現在に至っている。
ヘレンさんは有機農業を、「安全で、遺伝子組換えのない、おいしい食物を生産することができ、環境に優しく、生物多

様性に富み、アニマルウェルフェアを見事に成し遂げることのできる、そして卓越した農業技術により化石エネルギーの消費も少ない、長所を挙げればきりがないほどすばらしい農業」だと考えている。

ヘレンさんは、イギリスで放牧養豚を最初に始めた先駆者であり、自ら「ヘレンブローニングブランド」を開発してきた優れた経営者でもある。

この節では、ヘレンさんの農場経営を中心に、その農業哲学と有機農業技術、そしてアニマルウェルフェアの実践を見てみよう。

(2) 輪作体系と雑草対策

すばらしい農業である有機農業を実践するためには、肥沃な土壌が必要であり、そのためには輪作が重要であると考えている。イーストブルックファームの輪作は、その農地ごとの土壌の質に合わせて輪作体系を変えている。

輪作体系のいろいろ

まず、最も代表的な輪作の体系は、以下のようである。

赤クローバを二年と土壌保護のためのライ麦—冬小麦—飼料用カブ—次の牧草の下草となる春小麦もしくはライ小麦か大麦である。この輪作は主要な農地から離れたところで適用されている。牧草の最終年に豚を放牧することで次の一年に穀物を栽培することができるのである。

もう一つ、豚の放牧地にできる典型的な輪作体系がある。

二年間赤クローバ牧草、野菜、根菜類、春小麦、冬小麦、春豆、もしくは、他の春穀物を牧草の下草として栽培する。この輪作地には、三か月から四か月しか豚の放牧は行なわないが、農地は肥沃になり、耕作可能となる。飼料カブは土壌中の窒素を固定させるため栽培され、冬穀物と春穀物の間に栽培される。

乳牛のための放牧輪作地は、三〜五年、白クローバをベースに、トレフォイル、ハーブ類やペレニアルライグラスを播種する。その後二作穀物を栽培し、また牧草に戻すのである。

さらにいくつかのほ場は、半永年牧草を栽培している。農場の敷地内の四四エーカーの谷はカントリーサイドスチュアートシップ（イギリスの伝統的な農村景観保全地域・田園管理者育成事業：この地域に指定されると補助金が支払われる）に指定されており、そのための谷を中心とした一五〇エーカーの土地は、ほぼ、草と白クローバの牧草地に戻しつつある。

食用穀物生産

食用穀物生産については、小麦粉用の冬小麦と春小麦が主な作目であり、小麦の品種は、クレア、ヘレワード、アクソナ、そして小粒チャビルスである。家畜の飼料用には大麦とトウモロコシを作付けしている。大麦の品種はバンクオである。

収穫量は、イーストブルックの実績は、冬小麦ではエーカー（約〇・四ha）当たり二tから二・五tであり、春小麦では一・五tから二・二五tであり、慣行農法に比較すると二五〜三〇％低い。大麦は小麦に次ぐ作付けがあり、収穫量はエーカー当たり二tを超えてはいるものの、これも慣行農法に比較すると低い値である。

雑草対策

このような穀物栽培における雑草対策は、有機農業においては非常に重要なポイントとなる。農薬を使わなくとも雑草を抑えるためには穀草輪作方式を採用することが重要である。

大半の雑草は穀物を連作することによって生じてくる。例えば、ブラックグラスは、慣行農法の秋播き穀物農地では非常に困った雑草であり、除草剤によって駆除しなければないないし、その除草剤の使用量も増加している。しかし、輪作体系に沿って春穀物を栽培し、その後、牧草やクローバを播種することによって、転換期間に少なくとも五〇％のブラックグラスを減少させることができ、完全に有機農法に転換できれば、さらに減少させることができる。

雑草のなかには、有機穀物にそれほど害を与えることなく、天敵になる昆虫の生息地を提供するものさえあり、この天敵昆虫が増加することで、その捕食者である鳥類も増加する。これは有機農業の大きな特徴である。しかし、過度に雑草がはびこったときは、シーズンの初期の段階で除草機で草をすきこむか、春に羊を放牧している。

ギシギシやアザミはかなり問題となる。アザミは時期を見計らって、草地から出ているものを手取りできれいにするが、はびこってしまっているアザミは、もっと思い切った方法でないと退治することができない。その方法は、地面を掘り起こす豚を放牧したり、思い切って夏季期間、休耕にすることである。ギシギシも同様の方法で対策をとる。すべての穀物を栽培している期間、ギシギシとアザミは手取り除草をするが、その種子が収穫物に混入し、将来的な問題を引き起こす。除草剤を散布すれば、エーカー当たりわずか三ポンドしかかからず簡単であるが、使用することはない。

有機穀物の販売価格

有機への取組みは、まず土づくりが何よりも基本であると考えたので、穀物栽培からスタートした。一九八六年のことであった。コストをできるだけ削減し、収益を上げる努力をした。三年後の一九八九年に初めて有機穀物として販売できたその結果は、上々の出来のように思えた。しかし、原価と収益をよく計算してみると、エーカー当たりのコストが三〇～三五ポンドかかるのに、エーカー当たり販売額は最初の春小麦は一九〇ポンド、春小麦と冬小麦を合算してもせいぜい四〇〇～四五〇ポンドにしかならなかった。穀物生産は農場の基本ではあるが、穀物の収入だけに頼るのは農場経営として無謀であると考えた。そこで、経営のリスクを分散し、有機穀物も飼料として活用できる有機畜産への取組みを始める決意をしたのである。

(3) 家畜飼養の特徴と病気対策など

イーストブルックファームでは乳牛が一二〇～一三〇頭、繁殖雌豚が一六〇頭、緬羊が三〇〇頭飼養されている。

乳　牛

乳牛は、ホルスタイン種とフリージアン種を飼養しており、それぞれ、イーストブルック群とキューズブルック群を形成している。

乳牛に与える飼料については次の四原則を定めている。
①飼料はクローバを基本に穀草式輪作農法で栽培されたものにする
②少なくとも一日の飼料の六〇％は、乾草を給餌する。
③日常的に薬剤は与えない。乾乳牛セラピーや問題が確認されたときだけ、ワクチンを使用する。
④少なくとも九〇％の乾草は有機由来のものを与える。残り一〇％についても成分を特定したものだけを与える。例えば、動物由来タンパク質は含めない、とくに輸入飼料については遺伝子組換えのものは与えない。

＜獣医学的処置＞

動物の健康に関しては一般に思い込まれているのとは異なって、家畜を病気の苦しみから保護する必要がある場合は、抗生物質や他の薬剤を使用することができる。しかし、製品段階の牛乳や肉になって消費者が消費する段階で薬剤が残留してはいけない。

有機経営を継続していくうちに起こってくる変化は、一般的な薬剤に対する依存が少なくなってくることである。もちろん前提には良好な飼養が鍵となる。

乳房炎などで治療の必要性に迫られたときは、冷水摩擦やホメオパシー（同毒療法）を行ない、かつハーブの薬剤を与える。

こうしたことから、乳牛群は農場の基本であるので、農場の四〇％に放牧され、放牧された牛の排泄物で農地を肥沃にし、穀物を栽培することができるのである。

一頭当たり年間泌乳量は八〇〇〇kgと高い水準を保っている。このような有機的飼養方法による乳牛から搾乳された生乳は、イギリスの有機牛乳の八〇%を生産する有機牛乳生産者組合（OMSCo）に出荷される。ちなみにヘレンさんは、このOMSCoの設立メンバーの一人でもある。その販売価格は一ℓ当たり二九・五ペンスである。これは通常の生乳より二割高い取引価格である。しかし生乳取引は市場動向に左右されるため、今後農場内で加工し、農場内で消費者に楽しい方法で直接販売する方法を検討中である。

肉　牛

農場内で飼養する肉牛と繁殖乳牛は、すべて自家繁殖である。種雄牛として農場では、ブロンド・ド・アクイテイン雄牛を飼っている。フリージアン種は、場合によっては、子牛肉としても出荷される。

有機牛肉の基準の主なものは次のとおりである。

①少なくとも三か月は全乳を与える。
②飼料の九〇%は有機由来のものを与える。
③子牛をカウハッチに入れてはいけない。
④粗飼料と濃厚飼料の割合は、乾物重量で反芻動物の場合六：四である。
⑤条件が許すかぎり放牧する。

豚

イーストブルックファームでは、英国サドルバック種のわずか二頭の子豚の放牧を一九八七年に開始した。これがイギリスで最初の放牧養豚であった。現在ではデュロック種と交雑させた一六〇頭の豚の放牧を行なっているが、この豚の肉質と食味は市場で大変すばらしい評価を勝ち取っている。ヘレンさんはこの完全な有機放牧豚の育成・肥育を目指して長年精力を傾けてきたのである。その成果が認められ、二〇〇二年にはイギリス環境食料農村地域省から豚に関する育種と給餌システムについて三年間の研究基金を得ることができた。

こうした努力は他の養豚農家にも認められ、現在では二五軒の農業者でグループを結成し、「ヘレンブローニング」ブランドで豚肉と豚肉加工品のソーセージやベーコン、ハムを販売している。主な販売ルートは、宅配による消費者直売と有機食品の販売に力を入れるセインズベリー・スーパーマーケットである。ヘレンブランドはスーパーマーケットでも大変高い評価を得ており、販売量はスーパーが全体の八〇%と大半を占めている。スーパーマーケットでの販売価格は通常の豚肉の五〇%高である。このように、イーストブルックファームは極めて優れた経営戦略を持っている。

ソイル・アソシエーションの有機豚基準は次のように定められている。これもイーストブルックの実践がベースになっている。

①遅い離乳—少なくとも六週間後
②クレート飼いの禁止

③歯切り、尾切りの禁止、去勢はしない
④八〇%以上の有機飼料の給餌
⑤条件が許すかぎり放牧をする。

イーストブルックでは、すべての繁殖雌豚は放牧され、子豚は八週間まで離乳させることはない。したがって、雌豚は年二回の出産を行なうだけで、身体に負担がかかることなく、一回に約九〜一〇頭の子豚を育てるのである。

離乳した子豚は、外部に敷きわらを敷き詰めたランのある大きなアーチ状のシャレーに移動させ、一〇日間過ごさせる。その後雌雄を分離し、三〇〜四〇頭のグループを一群とするのである。このようにして仕上げのためのパドックに入れる準備ができる。

離乳後から屠殺の二週間前までの飼料は、制限することなく、粗挽き小麦と豆類と大豆を混合したものを与えている。放牧地の牧草が限界に達すると、サイレージも与えている。歯切りや尾切り、去勢は行なわないし、有機基準ではもちろん禁止されている。

＜獣医学的処置＞

乳牛とほぼ同様であるが、ヘレンさんの目標は、病気に対する抵抗力を持つ健康な家畜の生産である。このことを達成するために遅い離乳を実践し、寄生虫に汚染されないように清潔なわら敷きの地面に移動させたり、他のグループとの混合を回避し、できるかぎりストレスを避けるようにしている。頻繁に豚を移動させるためには労働力が必要であり、そのために農場では二人を雇用している。子豚段階で放牧していたときは、問題が生じたときもあったが、現在の移動式を取り入れてからは、かなり減少した。またすばらしいハーブの準備があり、髄膜炎のときはホメオパシーによってコントロールする。病気の大半は外部からサドルバック種を導入していた時期であったので、現在では農場内で繁殖を行ない、外部から導入しないように試みている。

(4) さまざまな実践

乳牛と豚以外に羊も飼っており、羊に関しても有機畜産基準とアニマルウェルフェアに沿った飼養管理を実践している。

作物生産については、穀類以外に一九九七年から一〇エーカーの野菜の有機栽培もスーパーマーケットとの契約栽培で行なってきたが、開始して土壌が野菜向きでないため、二〇〇三年末に中止した。

以上、イーストブルックファームの有機農場経営と有機畜産の実践について述べてきた。ヘレンさんは、とくに養豚において卓越した放牧飼養方法を開発してきた。これはヘレンさんが、一般的な養豚に広く見られた集約的な、そしてときには非人道的でもある「工場的畜産」に代わるアプローチを見つけたいという強い使命感に触発されて実現してきたものである。

さらに、この放牧養豚に賛同する農業者二五名を組織し、独自ブランド「ヘレン・ブローニング」を確立し、大手スーパーマーケットに対応してきた。

すでに本章の1で記述したように、イギリスでは大手スーパーマーケットが独自ブランドの開発に余念がないが、このヘレンブランドは、スーパーマーケット主導のブランドチェーン開発ではなく、農業者主導のブランドチェーン開発である点からもきわめて先駆的である。このことで農業者は強力なパワーを持つスーパーマーケットに対して対等の関係を築くことができ、消費者に対しては「農場から食卓まで」の一貫管理を保証しているという安心感を与えることができるのである。

ヘレンさんは、有機農業技術者として、あるいは、農場経営者として優れた能力を遺憾なく発揮しているだけでなく、ソイルアソシエーションの元会長を努めるなど、イギリス有機農業のリーダーとしても欠かせない存在である。

今後も、このイーストブルックファームは、これまで以上にアニマルウェルフェアにかなった有機畜産と有機農業技術を開発し、新しい事業展開を続けてゆくだろう。

第2章　日本のチャレンジャー

1　全農の「安心システム」とトレーサビリティへの取組み

＜北海道・宗谷岬肉牛牧場＞

二〇〇一年、コーデックス委員会で有機畜産の基準が決定され、日本の農水省においても対応策の検討がすすめられている。有機畜産に関しては、海外からの有機畜産物の輸入に一定の歯止めを加えるために国内法としての有機畜産の法律を制定しなければならないが、日本での有機畜産は欧米と異なり加工型畜産が主流であり、現実的には不可能であるというのが一般的見方である。

そのような議論のなかでBSE問題が発生し、日本独自の畜産の方向性を問われることとなったが、その一つとして「トレーサビリティ」という概念が表面化し、表示規制の強化と合わせて検討されている。さらに世界の一部ではBSE対策として有機畜産の有効性が論じられている。

このような状況のなかで全農では「安心システム」の開発に取り組んできた。これまでの検討のプロセスと基本的な考え方について紹介したい。

有機との出会い

私の有機との出会いは一九八〇年代後半にまで遡る。当時、私は全農のヨーロッパ駐在員をしており、ドイツで食品に係わるさまざまなビジネスを展開していた。そのうちの一つが日本種野菜の現地生産と現地供給の仕事で、その一つにオランダの有機栽培農家との野菜の契約栽培があった。日本にいたときも一部の特殊な生産農家との付き合いがあったが、ヨーロッパにきて初めて有機というビジネスの真の意味が理解できた。

有機という言葉は、ハワードの『農業聖典』を日本語訳するときに、「無機物を使用しない」という意味から「無機」の反対語は「有機」であるという単純なところからきているようである。『農業聖典』の原書にはサステイナブル（sustainable）という言葉で表現されており、その意味は「持続可能」ということである。だから有機農業とは一部の特殊な栽培方法ではなく、地球環境と農業を考える上で最善の生産方法という意味であり、地域の風土によって最善の生産方法は変わるのである。この当時の考え方がWTO傘下の世界貿易を前提としたグローバルスタンダードにかかわらない「安心システム」の原点となった。

三つの安心

その後、全農内部で有機産直のプロジェクトを発足させ、アメリカのオーガニックの実態を調査することになった。一九九六年のアメリカでの訪問のさいにペンシルヴァニア州のウォルナットエーカーズの会長がくれた本にはこう書かれていた。「種を播くときは三つの目的を持たなければならない。一つは自分のために、一つは旅人のために、一つは鳥のために」。全農の安心システムはこの精神に忠実に、「生産者の安心」「消費者の安心」「地球の安心」の三つの安心を基本に構成されている。

有機というとグローバルスタンダード以外にはないと考えがちだが、真の有機の目的を考えると「安心システム」のようなシステム認証でも、その目的が同一であればかまわない、という結論になったのである。

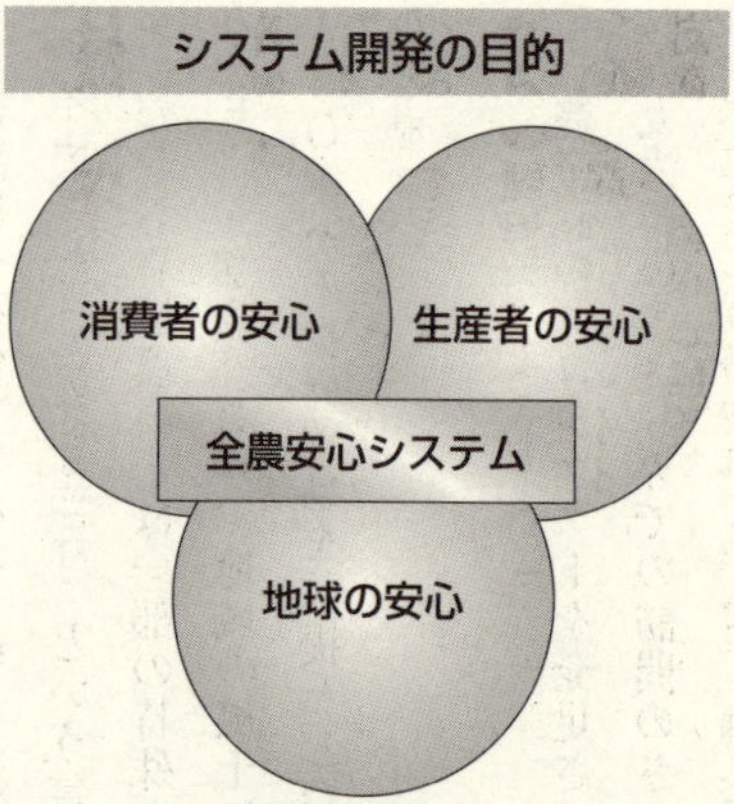

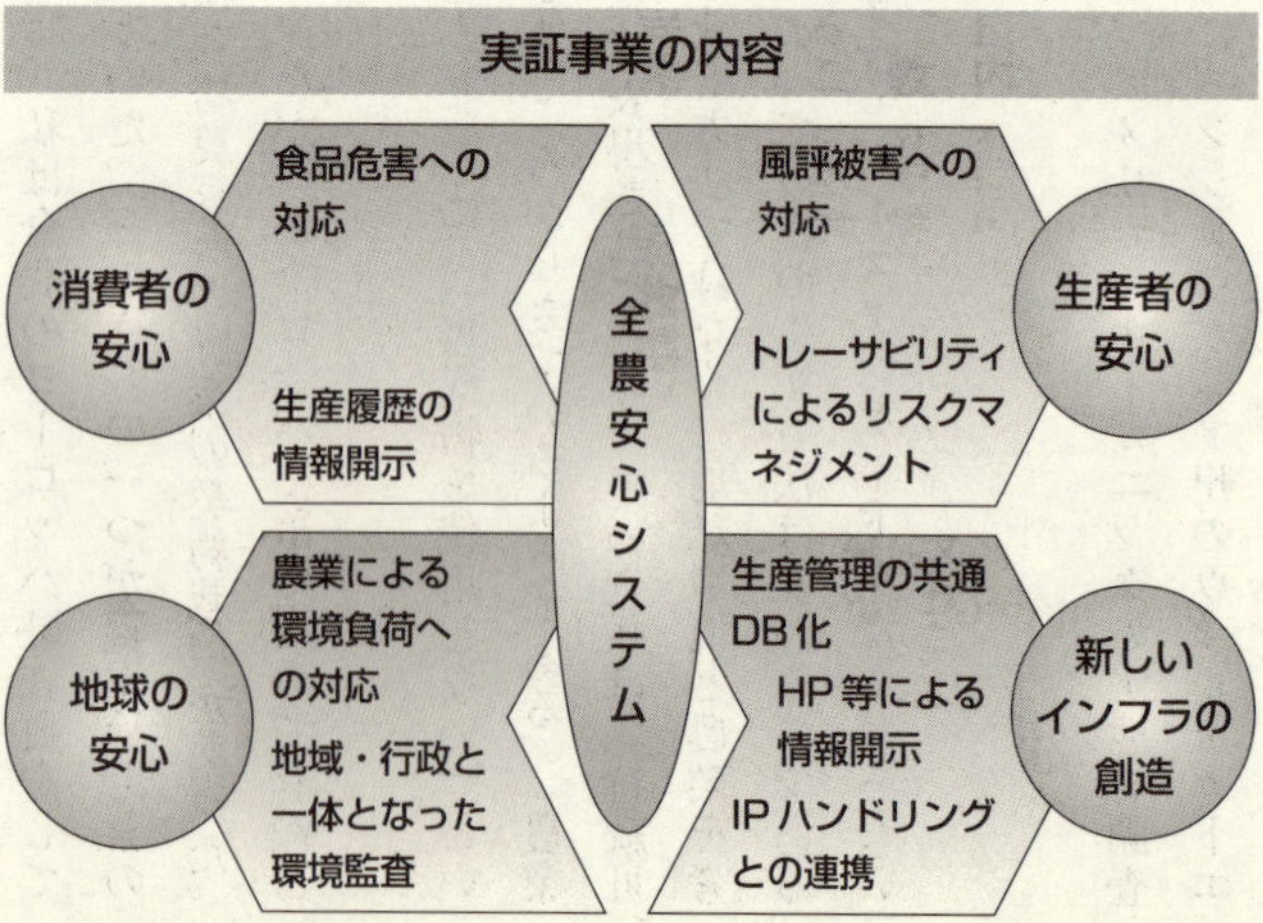

当時はトレーサビリティという言葉が普及してお

らず、「システム認証」という言葉で説明していたが、なかなか一般的な認証の仕組みとの違いを理解してもらえなかった。そこで、この取組みは「新しいインフラを創造する」ということで、やっと理解してもらえる程度であり、付加価値を創出しない仕組みということで興味を引かなかったのが現実である。

宗谷黒牛との出会い

宗谷黒牛との出会いは今から六年前に遡る。当時、私は有機農産物についてのプロジェクトを抱えていた。有機の基準設定や検査・認証方法等の検討をすすめており、ヨーロッパやアメリカの基準や認証方法について調査をしていた。例えば、アメリカのコールマンのオーガニックビーフ、カスケディアンファームのオーガニックアイスクリーム、各種の有機冷凍野菜、認証機関であるオレゴンティルスの検査認証の仕組み等である。また、その時期は遺伝子組換え食品についての議論が始まったころであり、食物における安全性の議論とともに配合飼料についてもさまざまな意見が出ていた。

そんなときに全農近畿畜産センターにさまざまな有機に関する問合わせをしてくる人物がいた。いったい誰が問合わせの本人なのか当時はわからなかったが、実は、それが宗谷岬牧場長の氏本長一さんだったのである。氏本さんはそのころ、大阪のいずみ市民生協との産直を始めて数年が経過し、牧場経営がやっと軌道に乗り始め、次の展開を考えていた時期だった。

宗谷岬牧場長の氏本長一さんと牛たち

一九九九年の合意

一九九九年、氏本さんとヨーロッパにゆき、オーガニックファーマーやＩＦＯＡＭ（国際有機農業運動連盟）のメンバーとさまざまな意見交換を実施した。私たちが検討していたナチュラルビーフ基準（現在の宗谷黒牛基準の原型）を英訳して意見交換したところ、ＩＦＯＡＭメンバーから、それぞれの国の気候と風土にあったスタンダードを設定することは当然であるし、それが地球環境の負荷を軽減する方向であればそれでよいとの回答を得た。その当時はまだコーデックス委員会でも有機畜産の基準はできておらず、遺伝子組換え飼料の取扱いについての結論が出ていなかったのである。会議の席上、アメリカのトウモロコシの分別生産と日本への分別流通のＮｏｎ-ＧＭＯシステムを説明したところ、非常にすばらしいシステムだという高い評価を得たのであった。

遺伝子組換え飼料の取組み

遺伝子組換え飼料の取組みについては、宗谷岬肉牛牧場と生活クラブとの協議を並行して行なっていた。ナチュラルビーフを実現させるためには、Ｎｏｎ-ＧＭＯの飼料対応を実現しなければならないが、数量が不足しているし、生活クラブのさまざまな産地での要求を実現するためには、それ

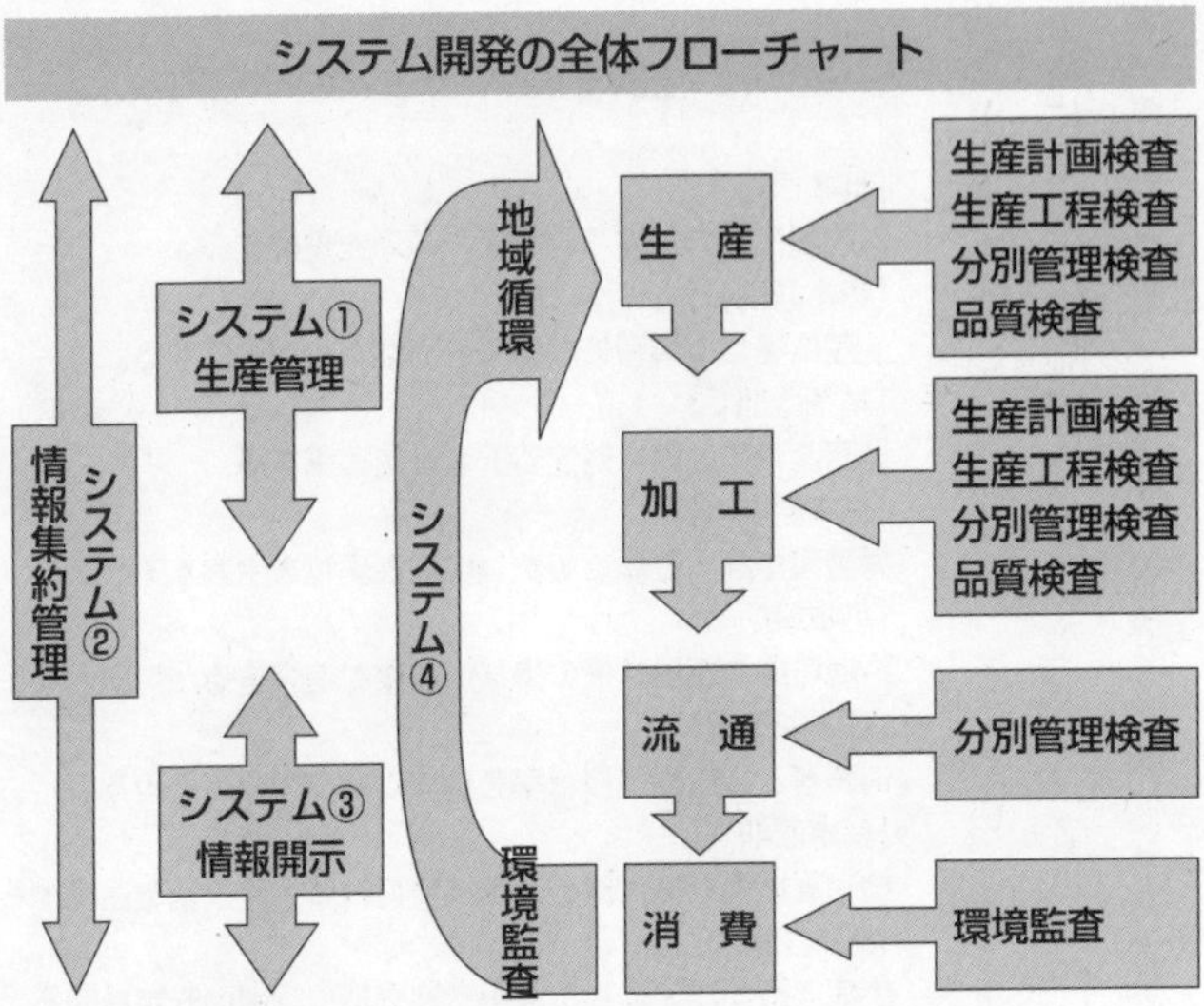

ぞれの工場のラインを維持するための飼料需要が不足していた。これらの二つの課題は当初並行していたのだが、「北海道」というキーワードを軸に宗谷岬牧場の数量と生活クラブの産地の見込み数量が合体することによって解決できたのである。

安心システムの取組み

そのような経過のなかでナチュラルビーフの基準ができ上がり、遺伝子組換えの飼料対応も可能となり、あとは検査認証する仕組みを整えるだけになった。

一九九九年の十一月に「安心システム」についての取組みが役員会で了承され、二〇〇〇年四月から事業がスタートした。その後、七月に初めて認証部会が開催され、宗谷岬牧場が安心システム第一号として認証された。

「安心システム」は、四つのシステムから構成されており、その四つは①生産管理、②情報集約管理、③情報開示、④環境監査であるが、すべてが認証の必要条件ではなく、それぞれ実施可能なところから認証ができるシステムなのである。宗谷岬牧場はシステム①の生産管理が検査認証の対象となった。

「安心システム」の認証を受けるためには、まず産地と消費者が合意した基準が基本原則に則ったガイドラインの範囲になければならない。宗谷岬牧場の合意された基準は現在でも非常に高いレベルにあり、粗飼料自給率は四〇%に近く、日本の他の地域では実現不可能と思われる基準なのである。

全農安心システムの基本原則

[基本原則 1]
国内農産物に対する消費者の信頼を獲得する。
[基本原則 2]
生産に係わる情報については原則として公開する。
[基本原則 3]
農畜産物の生産に対する安全性を追求する。
[基本原則 4]
栄養価が高く健康で美味しい農畜産物を生産する。
[基本原則 5]
持続可能な環境負荷の少ない農業を追求する。
[基本原則 6]
消費者と共に国内自給率を高める取り組みを進める。
[基本原則 7]
様々な技術を集大成し、環境負荷軽減生産技術を追求する。
[基本原則 8]
生産と販売が連動した取引を追求し、経営の安定を図る。
[基本原則 9]
地域の活動に積極的に係わり、地域環境の改善に取り組む。

基準に問題がなければ検査員が現地に赴き、基準と実態のチェックをする。そのさい、オーガニック検査員の資格を持った職員と外部の検査員が一緒に検査を実施する。その後、第三者によって構成される認証部会（生産者・消費者・流通関係者・学識経験者・大学関係者等）が開催され審査が行なわれる。その結果、問題がなければ認証され、認証書が発行される。さらに消費者に対しては認証内容について情報開示（ホームページ）がなされ

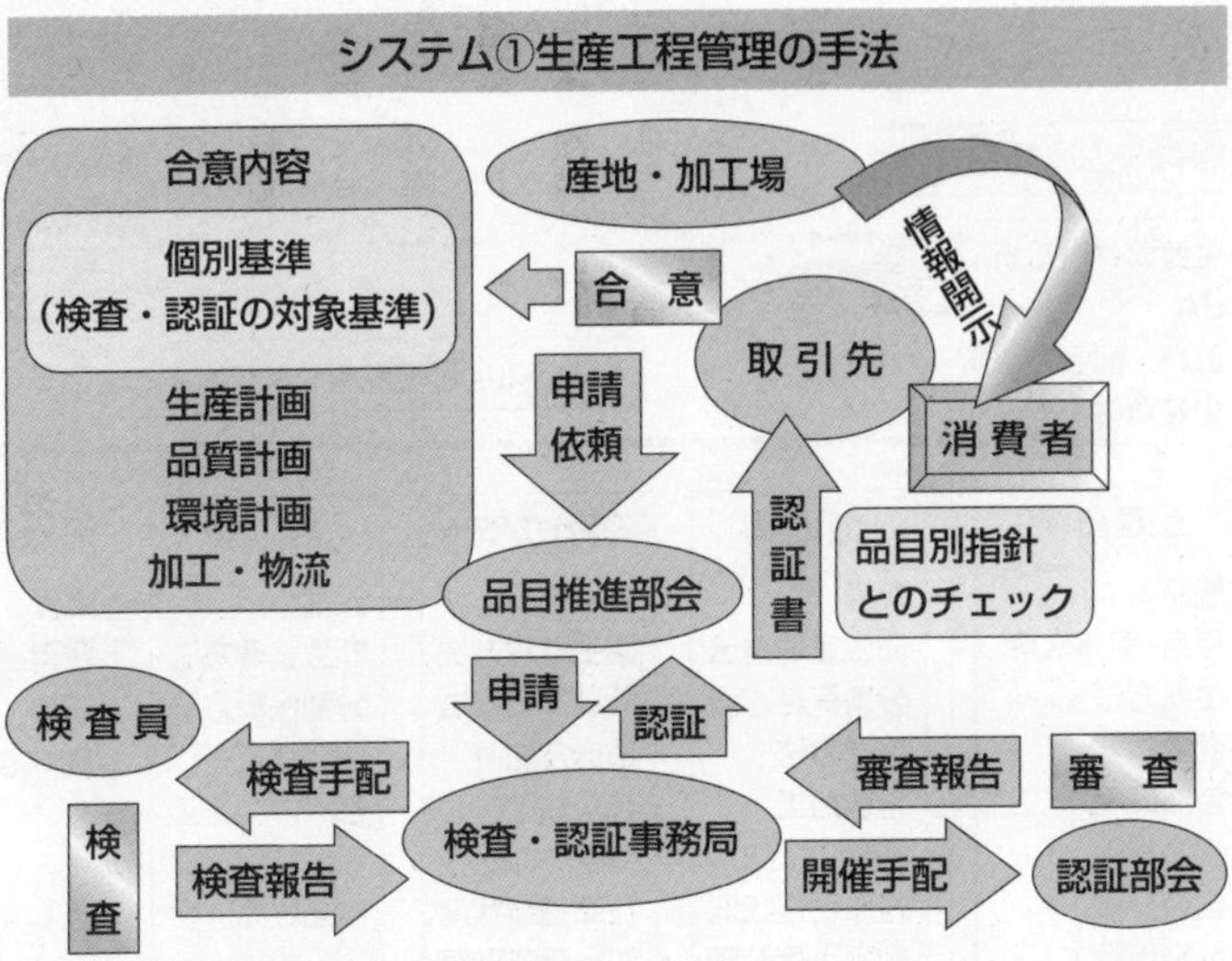

る。それを毎年一回更新してゆくのである。

その後の取組み

二〇〇〇年の認証では宗谷岬牧場の生産管理だけを認証の対象とした。当時からトレーサビリティの連続性（最終製品から履歴が完全に遡及できる）について問題点を指摘する部分が多く、消費者に嘘をつかない範囲ということで牧場の生産管理だけが認証されたのである。認証後も配合飼料変更の消費者への情報開示等について試行錯誤を重ね、関係者が現地に集合してシステム構築を図ってきた。

その結果、屠場、食肉センターからセンターまでの認証が可能となった。しかしまだ近畿畜産センター以降のアウトパックのスライス等については、トレーサビリティの確保について整備すべき点が残っているので、認証の対象にはならなかったのである。

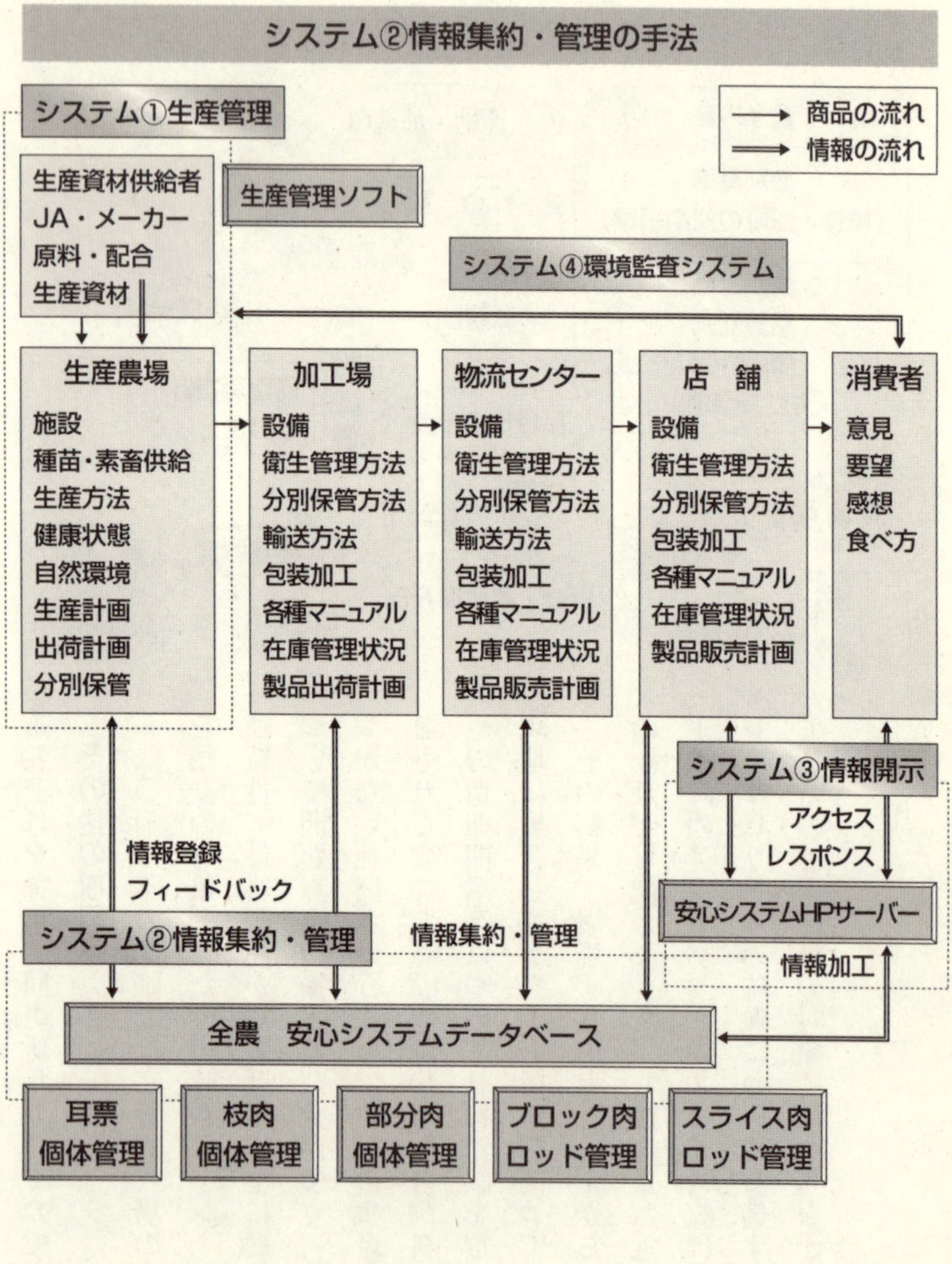
システム②情報集約・管理の手法
システム①生産管理
商品の流れ
情報の流れ
生産資材供給者
JA・メーカー
原料・配合
生産資材
生産管理ソフト
システム④環境監査システム
生産農場
施設
種苗・素畜供給
生産方法
健康状態
自然環境
生産計画
出荷計画
分別保管
加工場
設備
衛生管理方法
分別保管方法
輸送方法
包装加工
各種マニュアル
在庫管理状況
製品出荷計画
物流センター
設備
衛生管理方法
分別保管方法
輸送方法
包装加工
各種マニュアル
在庫管理状況
製品販売計画
店　舗
設備
衛生管理方法
分別保管方法
包装加工
各種マニュアル
在庫管理状況
製品販売計画
消費者
意見
要望
感想
食べ方
システム③情報開示
アクセス
レスポンス
安心システムHPサーバー
情報登録
フィードバック
システム②情報集約・管理
情報集約・管理
情報加工
全農　安心システムデータベース
耳票
個体管理
枝肉
個体管理
部分肉
個体管理
ブロック肉
ロッド管理
スライス肉
ロッド管理

システムの概要1（生協版）

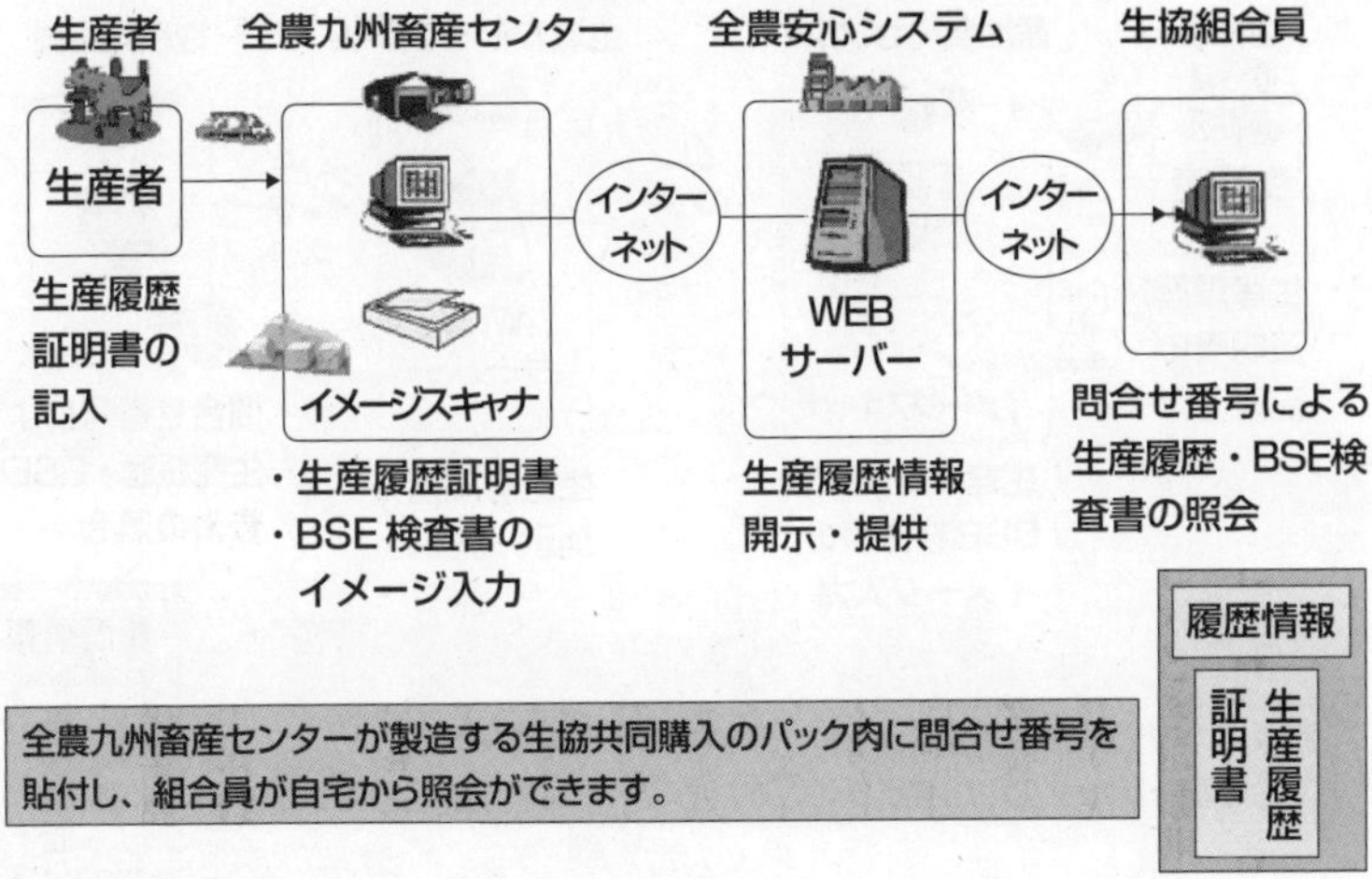

BSE以降の取組み

二〇〇一年九月に突然BSE問題が発生し、宗谷黒牛も他の牛肉と同様に取扱いが落ち込んだ。しかしこれまでの取組みで培ってきた生協組合員との信頼関係が回復に力を貸し、他の産地の牛肉に比較して驚異的な回復力を実現したのである。

当初、宗谷黒牛は平成十三年度農水省補助事業の対象ではなかったが、問題が起きて以降、平成十四年度に予定していたスライス肉までのトレーサビリティを前倒しで取り組んでいる。

システムの概要1は生協向けアウトパックスライス実験の図だが、個体管理を基本に高速スライス盛り付けを実施するには監視役が必要になる。さらにバッジ処理になってしまうので、速度は遅くなりコストが嵩む。消費者がその分を負担してくれるのであればよいが、残念ながらそうはいかない。そこで個体管理ではなくロッド管理（三個体程度）に変更

システムの概要２（量販店版）

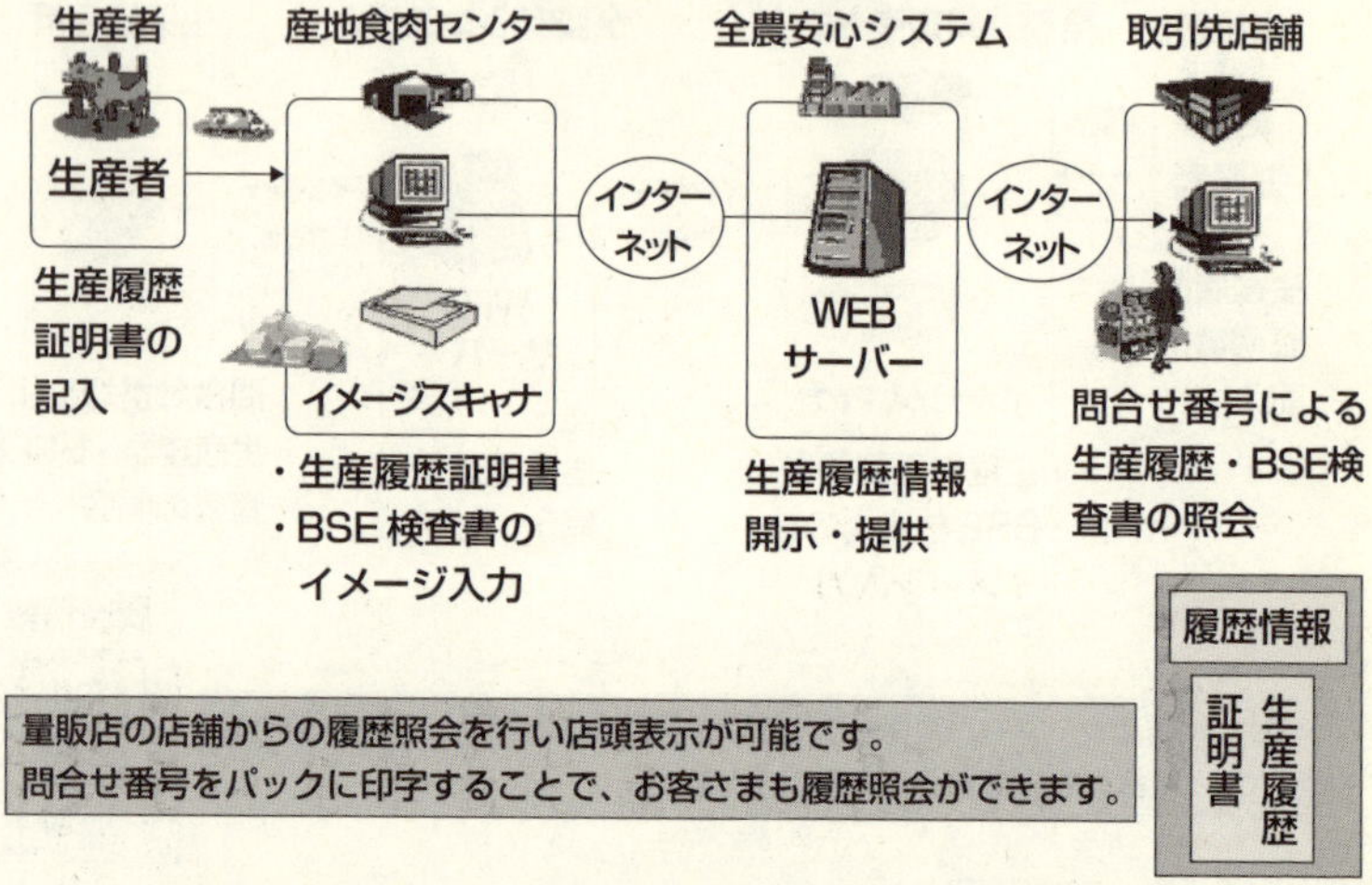

すればコストアップ要因は減少するが、スライサーやラベラーの負担は減らないのである。

システムの概要２は量販店向けのセット販売だが、相対売り場に限定される。現在、実施しているのは週二頭限定だが、週中での売れ残りの部分は一般売り場に変更せざるを得ない。

このように、どちらのシステムにしろ増加コストを誰が負担するのかという大きな問題は解決できていないのである。

環境監査の取組み

トレーサビリティは今後、グローバルシステムとしてＷＴＯで検討されてゆくので（すでにＩＳＯで検討がすすめられている）、国際競争力の確保にはならない。食と農の距離を縮めるためにはさらなる産地のトレーサビリティをすすめなければならない。そこで生産地域の環境負荷軽減を生協の組合員と一体となって測定し、食と農の距離を環境という切り

環境監査のトリプルスクラム

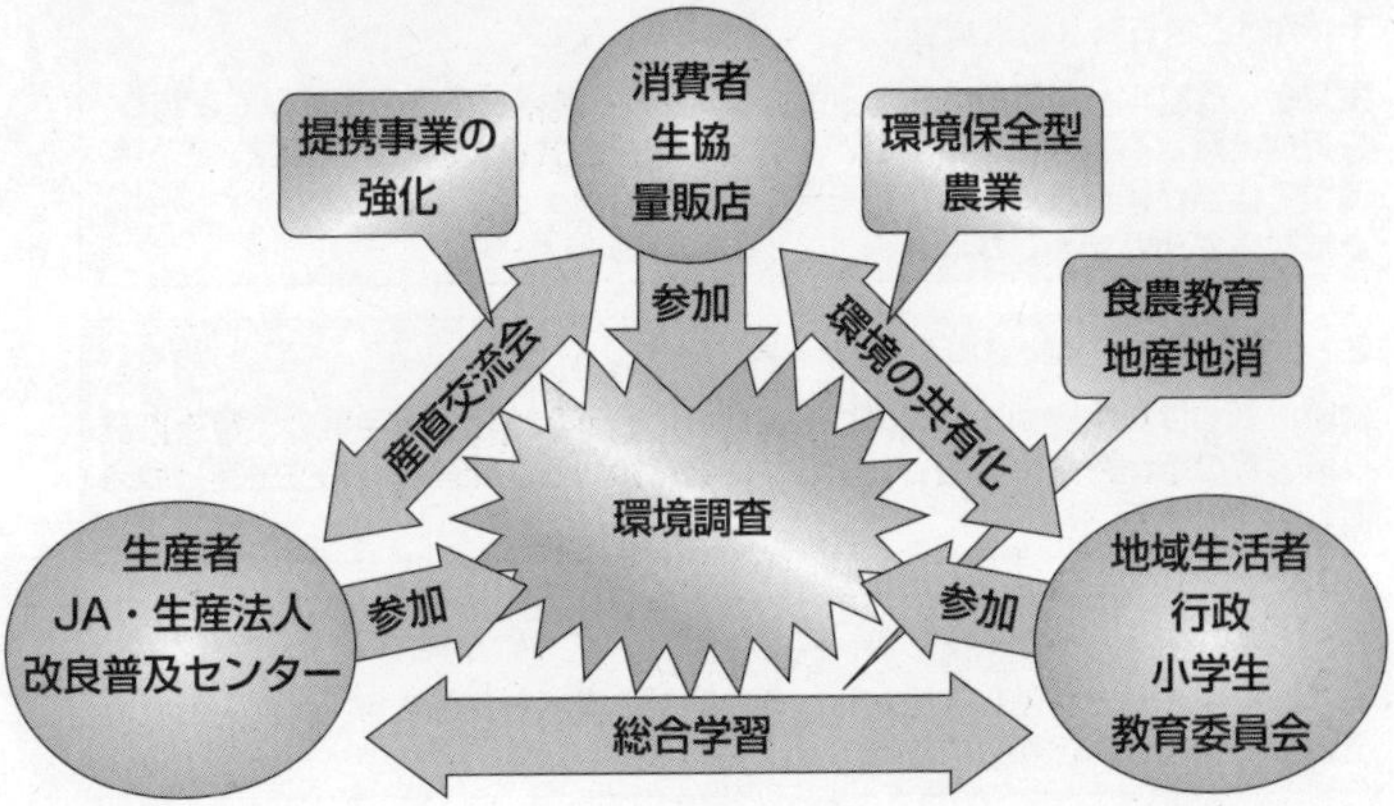

口でさらに縮める取組みが必要なのである。その取組みが環境監査であり、宗谷岬牧場でも十四年度から導入が検討されている。

畜産についてもオーガニックの基準が設定され、国内でも有機畜産のJAS認証がスタートしようとしている。しかし宗谷岬牧場の黒牛は、消費者の視点にたった生産管理・情報の収集管理・情報開示・環境管理の四つのシステムが整備されているので消費者に信頼され、輸入オーガニック畜産にも十分対抗できるのである。

環境監査と生産計画のフローチャート

1．自然と親しむ（現地調査）

生産者（農家）と消費者（地域住民）を交えて、実際に田圃や畑を見てまわり、身近な自然とふれあいの中で、どんな動植物が生息しているか、また、どんな環境で作物が作られているか等を調査シートにチェックする。
◆気軽に参加できるしかけ

2．物差しをつくる／見直す

実際に見つけた生き物を参考に、その地域にあった指標生物を選び、今後における調査の環境評価の物差しとする。必要に応じて、物差し（指標生物）の見直しも検討する。

3．評価する

見つけた生き物と物差しを比較し、その地域の環境を評価する。また、前回までの調査結果とも比較してみる。

4．改善する

評価するポイントの低いところや、前回までの評価が低下傾向にある場所について、問題点や課題を抽出し、改善策（次回安心システム生産計画の見直し）を打ち出し、出来ることから実行していく。

［例］水稲農家　クサガメの復活→除草方法の改善→紙マルチ田植え機
畑作農家　シマヘビの復活→土壌消毒の改善→ブロックローテーション
畜産農家　アオダイショウの復活→畜産糞尿処理の改善→堆肥センター
地域生活者　ヘイケホタルの復活→生活雑排水の改善→粉石鹸

2　自然・食・ヒトの健康を追求する地域資源循環型畜産の構築
＜北海道・北里大学八雲牧場＞

1　風土に根差した放牧適合肉用牛の開発

サシ重視の牛肉の市場評価のもとでは、黒毛和種の穀物肥育が圧倒的に有利であり、市場評価の高い黒毛和種は生産者にとっても当然有利となる。牛肉のサシ志向は穀物飼料の需要量を増やし、穀物飼料の増産のため大量の化学肥料や農薬の投入による耕種農業の集約化や森林の耕地化が推しすすめられ、このことが地球規模の環境破壊や生物多様性等に大きな影響を及ぼしている。この問題は農産物が国際市場で広域的に取り引きされているため、消費者にとって身近な問題とはならなかった。二一世紀の半ばには環境、人口、食糧、化石エネルギーのいずれも極めて厳しい状況が見込まれており、畜産には良質動物タンパク質の安定供給のため化石エネルギーの節減、地域資源循環の構築による自然循環的畜産への転換に向けて一層の努力が求められている。わが国の風土は水田農業や植物生産には適しているので、これらの地域資源を利用できる乳牛・肉牛、中小家畜・家禽などの草食家畜を中心とした国土資源利用型畜産への転換が求められる。

その一つの試みとして、以下に、北里大学獣医畜産学部付属フィールドサイエンスセンター八雲牧場における一〇〇%自給飼料による牛肉生産と適合品種の選定の取組みについて紹介する。

2 北里大学八雲牧場における取組み

八雲牧場は一九九四年から輸入飼料穀物の使用を中止し、究極のトレーサビリティである一〇〇%自給飼料（牧草、トウモロコシホールクロップサイレージ）給与による牛肉生産方式に転換して、すでに九年を経過した。しかし、一〇〇%自給飼料による牛肉は、サシ（脂肪交雑）が入らず、赤肉主体であるため、既存の枝肉評価基準からは大きくはずれ、独自の販売戦略を構築することが求められた。一〇〇%自給飼料牛肉の出荷が始まった一九九六年に、この趣旨に賛同する首都圏の消費者組織が「ナチュラルビーフ」の商品名で組合員に供給することになり、現在も続いている。二〇〇三年からは、地元学校給食への供給開始など、地産地消や食育教育を重視した取組みにも力を入れている。

本来、大学農場は学生の教育・研究のために存在するわけだが、一方で経営収支のバランスをとることが求められている。八雲牧場は二一世紀畜産の構築という大きな理念のもとに教育・研究を推進するとともに、経営収支の均衡も図るという、経営と教育・研究という両立が難しい牧場運営が求められ、センター教職員はこれに向かって努力している。また、牧場で開発した生産技術が現場へ普及するためには、経営収支を健全にすることが極めて重要である。そのため、従来の流通や販売ルートとは異なる新たな販売ルートの確立が求められる。その基本戦略を生産と消費の連携強化においている。

平成十四年七月には初めて、首都圏の消費者や地元八雲町の生産者、役場職員、ＪＡ新函館の関係者の参加を得て、牧場視察・交流会を開催した。参加者から好評であったため、十五年九月には、これをさらに発展させ、八雲町、十和田市、相模原市の北里大学公開講座の受講生を募り、八雲牧場の生産過程を公開し、消費者からの貴重で率直な意見や注文をいただいた。このような交流を軸に、生産方式、価格の協定、牛肉の調理・加工法や販売・流通方法、一般経営農場への普及拡大方法について取り組んでいる。

自給飼料100％（夏放牧，冬サイレージ）で育つ多品種・交雑種の北里八雲牛

八雲牧場の概況

八雲牧場は、函館市の北約八〇km、渡島半島の東側、八雲町の中心部から西北へ入ったユーラップ岳の麓の丘陵地にあり、平坦地は少ない。総面積三五〇haのうち三分の二が牧草地である。気候は典型的な「やませ気候」で、夏でも涼しく、六～七月は毎日のように霧雨が降り、気象条件の厳しい積雪寒冷地である。牧場は一九七六年（昭和五十一年）に開設され、当初広大な草地を利用した低コスト牛肉生産を目指したが、安い穀物飼料を利用した高級肉生産へ傾斜し、放牧から舎飼いへ移行した。飼養頭数の増加に伴い糞尿処理の負担が増加し、周辺の環境汚染が表面化した。収益性もしだいに悪化し、独立採算性を原則とする牧場運営の建て直しが求められていた。一九九四年に牧場の経営方針が全面的に見直され、立地条件および二一世紀における畜産の方向を見据え、「物質循環を重視した自給飼料による自然循環的牛肉生産」を目指すことになった。

八雲牧場の牛肉生産

出荷当初の「ナチュラルビーフ」は出荷体重およびロース芯面積が小さく、穀物肥育牛に比べると極めて見劣りする状態であったが、放牧技術や自給飼料の品質を改善することにより、最近では出荷体重が六〇〇kgを超え、函館の食肉センターの関係者から肥育牛らしくなったとの評価を得られるようになった。現在、ロース芯面積は四〇cm²以上、皮下脂肪は一・五cm以下と改善され、赤肉生産としてはこの程度が適当と考えている。出荷月齢は二四〜二九か月齢で、一産どり肥育の場合は三〇〜三五か月齢で出荷している。

自給飼料一〇〇%の牛肉生産を目標にすると、当牧場の面積および粗飼料の生産量から推定して年間生産頭数は一〇〇頭程度と見込まれる。そのうち自給飼料一〇〇%牛肉として出荷できる頭数は年間七〇頭程度である。今後、高品質自給飼料の安定生産と肉牛品種の選定・交雑種利用により、増体成績を向上させて出荷月齢を早め、肉質の斉一化を図ることにしている。自給飼料一〇〇%の牛肉生産は放牧時期の草量・草質および冬期の貯蔵飼料の品質に増体が影響されるため、現行は春と秋の年二回の季節出荷となっている。消費者の要求があれば、通年的出荷体制へ移行することも可能である。

品種選定および交雑種利用

自給飼料一〇〇％の牛肉生産は、牧草などの飼料の品質特性からみて、自ずから赤肉生産を目指すことになる。現在、八雲牧場では約三〇〇頭の肉牛を飼養しており、うち繁殖用純粋種は日本短角種、アバディーンアンガス種を主体にヘレフォード種、シャロレー種のほか、黒毛和種も飼養している。出荷牛は交雑種が主体だが、その品種の組合わせはさまざまである。今後とも雑種強勢を活用し、交雑種利用をすすめることにしているが、八雲牧場に最も適した肉牛品種の選定・交配計画が必要となった。そのため、これまでの多品種の肉牛飼育の経験から、八雲牧場に適した牛は雑種利用によって得られることを前提にすれば、以下の要件を満たす交配計画を予定している。

①粗飼料利用性に優れ、放牧適性の高い品種としては、これまでの八雲牧場における実績から日本短角種、外国種ではアバディーンアンガス種やヘレフォード種が優れている。

②放牧適性からみれば、泌乳能力に優れ、子育ての上手な品種が適しており、これには改良の過程で乳用ショートホーン種の血が入った日本短角種が優れている。

③雑種強勢は母の哺育能力、子牛の発育、育成率などに強く現われるので、一代雑種雌を母畜として実用畜（コマーシャル）生産に供することが有利となる。交雑すれば必ず雑種強勢が発現する品種の組合わせが求められる。具体的には、純粋種の日本短角種雌と皮下脂肪厚が薄く赤肉量の多い外国種（サラー種）との一代雑種雌を母畜として利用することにしている。

④雑種強勢は一代雑種に現われるので、二代目雌は肥育して出荷されるが、未経産雌牛を生産資源

として有効利用するために、肥育しながら一産させる一産取り肥育法を取り入れる。穀物給与中心の一産取り肥育は妊娠末期に過剰な脂肪がついて難産になり、失敗する例が多いが、自給飼料一〇〇％の牛肉生産の場合は過肥の問題はないので、難産問題は回避できると考えている。また、地元レストランや地元精肉店へのフレッシュミートでの通年供給には、一産取り肥育牛が適当ではないかと考えている。このように、自給飼料一〇〇％の牛肉生産は、これまで検討されてきた肥育技術のメリットを活用できることになる。

感染症防止・抗病性強化

感染症の侵入を阻止するため、白血病、ヨーネ病については年一回の全頭検査を実施し、疑似畜についての処分など、防疫体制の徹底により清浄化されている。また、生体は導入しないことを基本としており、感染症の侵入には細心の注意が払われている。

家畜の抗病性の強化については、家畜管理学的手法による措置のほか、育種学的手法による取組みが必要と考えている。八雲牧場では穀物肥育・多頭飼育時代から新生子牛の下痢症が多発し、経済的にも大きな損失となっていたので、獣医学科の指導のもとに、消毒を徹底した隔離牛舎利用により、ほぼ新生子牛の下痢症を抑圧できた。このため、分娩が一時期に集中して隔離牛舎の利用に支障が生じないように通年分娩としている。さらに平成十五年度からは放牧地での自然分娩を実施し、子牛の下痢発症を防ぐ効果が顕著であることを認め、放牧のメリットを生かし、家畜福祉の面や省力化にも貢献している。

完熟堆肥の調製、貯蔵施設の開発

化学肥料を節減し、糞尿の草地や飼料畑への施用量を増やすため、寒冷・豪雪地帯向けのビニールハウス型堆肥舎を開発し、自力施工で建設した。この堆肥舎は切り返しを行ないながら発酵させる方式で、切り返し専用機（コンポストナー）とのセット利用を基本としている。コンポストナーはロータリー型で、堆肥を細かく攪拌し、高さ一・二mまで積み上げ可能である。敷料からの重金属や有害物質の牧場への持ち込みを防ぐため、籾殻、おがくず、木材チップなどは、来歴のはっきりした資材を使用している。なお、当施設は平成十三年度より畜産環境整備機構の委託事業による試験を実施中である。

物質収支の均衡維持方策

八雲牧場の物質収支は、場外への要素持ち出しは雨や雪解けの流去水・地下水による流亡、空気中への揮散、牛生体の出荷が主要なものであり、場外からの化学肥料および敷料の持ち込みによって、バランスがとられている。化学肥料を地域資源で代替できれば、循環システムは狭い地域内となり、資源循環系としてはより安定する。

地域資源としては農畜水産系副産物の利用を考えている。八雲町が位置する噴火湾ではホタテ養殖業が盛んで、ホタテ貝付着生物、ヒトデ、貝殻、内臓の廃棄物の適正処理が問題となっており、資源としての有効利用技術の開発が行なわれている。ホタテ貝付着生物は、Cd、Hg、As等の重金属の汚染の問題はなく、Caを多く含んでいるが、N、P、Kのほか微量要素も含まれており、飼肥料としての利用が可能である。すでに攪拌式乾燥機による粉砕技術が開発されているので、天然有機物のホタテ貝付着生物を化学肥料の代替物として利用することにより、オーガニック牧草生産が可能となる。二〇〇三年度からは、ホタテ貝付着生物の草地への施用試験を開始し、フィッシュサイレージ（特許取得・乾物中粗タンパク質含量六〇～七〇％）や牧場で生産される家畜排泄物との併用利用により、化学肥料の全廃を目指して取り組んでいる。外部から持ち込まれるフィッシュサイレージやホタテ貝付着生物は製造ロットごとに重金属をチェックし、安全性が確保される。

牛肉の機能性・安全性の評価も重視

飼料自給率向上の重点施策として放牧の拡大普及が推進されており、これらの施策を支援するために、放牧など飼料自給型畜産が家畜の健康増進や家畜福祉にとって有効であり、乳肉を摂取した場合にヒトの健康にとっても有効であることの科学的裏づけが求められている。乳・肉などに含まれ、ヒトの健康によい影響をもたらす機能性成分については、飼料の種類と機能性成分との関係を解明する研究が取り組まれている。また、O‐157等、牛の腸管出血性大腸菌も、飼料給与と関係があることがわかってきており、粗飼料多給により牛の消化管内O‐157大腸菌数が激減することも明らかにされている。このような成果は畜産物に対する消費者の安心・信頼感を高めるものであり、さらに詳細な研究が期待されている。

乳肉に含まれる共役リノール酸、ビタミンE、ペプチド、アミノ酸などの機能性成分については、抗ガン活性が認められて以来、抗アレルギー、抗動脈硬化作用、体脂肪低減作用、増体促進作用、抗糖尿病および免疫機能などに関与していることが実験動物や培養細胞レベルで報告されており、これらの機能性物質に関する関心が高まっている。すでに八雲牧場の一〇〇%自給飼料で生産した牛肉中には共役リノール酸濃度が慣行肥育牛よりも多く含まれていることを確認しており、さらにペプチドなど新しい機能性活性物質が見出される可能性がある。今後、機能性物質と飼育条件の関係を明らかにすることにより、機能性物質濃度を高める技術の確立を図りたい。さらにリン、カリウム、ナトリウムや鉄、亜鉛、マグネシウムも慣行肥育牛よりも二倍程度多く含まれていることを見出している。また、食品の安全面からは重金属汚染が問題となるので、牧場へ持ち込まれるすべての資材および生産した牛肉について、重金属のモニタリングを開始し、カドミウム、水銀、ヒ素、鉛は未検出である。

なお、放牧家畜の健康を保持することは、治療薬を削減することになり、食肉としての安全性もより確保される。放牧が家畜の健康増進に有効であるかどうかについては、免疫成熟能の測定手法により評価することにしている。

「北里八雲牛」と命名

一〇〇%自給飼料で生産した牛肉の生産方式・原産地表示を明確にするため、名称を学内から募集し、「北里八雲牛」と命名した。「北里」は牧場産自給飼料一〇〇%の牛肉生産方式、「八雲」は原産地を表示している。わが国の伝統的な食文化として賞味されている霜降り高級肉とは大きく異なり、北里八雲（牛、ビーフ）の生産方式や品質は霜降り牛肉の対極に位置する。「自然・食・ヒトの健康を保全する自然循環的畜産」により産出される新しいタイプの食材として、消費者に提供される。

生産と消費の連携強化

八雲牧場における自給飼料一〇〇%の自然循環的牛肉の生産量を拡大するためには、趣旨に賛同する消費者からの持続的な支援や連携が大前提となる。この場合、生産者側には確実に健全で安全な牛肉を消費者へ届けることが要求され、消費者側には再生産が可能な価格で購入していただくことが基本となる。この両者の基本的な合意を前提にして、さらに、牛肉の貯蔵・調理法・流通システムの検討、周年出荷を可能とする牛肉生産技術の開発によるフレッシュミートの地元住民・レストランへの提供など、新たな取組みが必要である。赤肉のおいしさの追求、健全性の科学的裏づけなどの技術研究課題もある。また、各地域で取り組まれている飼料自給型畜産の技術評価や経営・流通システムに関する社会科学分野と自然科学分野による共同研究も必要である。このような研究成果を国民・消費者へわかりやすく広報することが大切である。トレーサビリティ方式が普及すると、次は消費者の目はより生産現場に注がれるであろう。そのための視察交流会もさらに活発になる。生産過程が公開され、消費者の意見や要望がもっと増加するに違いない。これらの要望を十分に検討し、生産から消費までの環境づくりが関係者に求められる。

3　二一世紀の日本畜産と八雲牧場

わが国畜産の現状を打破するために緊急に解決を要する課題は、

①糞尿の適切な処理利用による環境対策
②飼料自給率の向上
③消費者に軸足をおいた安全で安心できる良質な畜産物の生産・流通の構築

の三点である。これらの課題については国をあげて積極的な施策が推進されている。また、二一世紀の課題である食糧、環境、人口、エネルギー問題に対応するためには、基本的には資源循環型畜産への転換が必要とされている。さらに、国際的には有機畜産も取り組まれており、わが国においてもその可能性について研究をすすめておくことも大切である。

畜産の本来の姿は自然循環が基本であり、地域資源の種類や賦存状況は北から南まで千差万別であるため、それぞれの特徴ある自然循環的畜産の構築に向けた取組みが必要である。北里大学八雲牧場は北の広大な草地と厳しい風土に調和した自給飼料一〇〇%による自然循環的畜産の構築にチャレンジしている。そこで展開される技術や牛肉生産システムは、自ずから地域や目的とする生産物の種類によって異なるが、消費者との連携を強化した八雲牧場の理念や実践は、全国の自然循環的畜産の展開にとって参考になる点が多いと考えている。また、牧場で開発した個別技術は、普及技術として活用されることが期待される。

北里大学フィールド・サイエンス・センター（FSC）の重点課題としては、コーデックス委員会が示した有機畜産のガイドラインの達成を目標に、①農畜水産系未利用資源のエネルギー転換・飼肥料利用による地域内資源循環系の確立、②放牧適性や産肉性に優れた肉用牛の改良・増殖技術、③完熟堆肥の生産利用技術、④地力増進のための作付体系技術、⑤薬物投与を極力抑えるための家畜衛生管理技術、⑥家畜の抗病性を高める飼養管理技術、⑦牛肉の安全性・機能性の評価、⑧牛肉の貯蔵・加工・調理法の開発、⑨多様な販売ルートの構築、などの各研究課題を掲げ、産官学の連携のもとに取り組んでいる。これらの個別技術を牧場のトータルの生産システムのなかで、総合化を図りながら推進することとしている。また、得られた成果は速やかに国内外に広報し、政策や支援制度に反映させたいと考えている。FSCのこのような諸活動のなかで、教育や実践的研究を行ない、有為な人材を輩出し、国内外の各地で資源循環型畜産を推進してくれることを願っている。

3 周年昼夜自然放牧の酪農でエコミルク　＜岩手・中洞牧場＞

1　地域と経営の概要

岩手県の岩泉町は、その面積が九九二・九km²（東西五一km、南北四一km）と本州一広い町である。耕地が少なく、林野率が町全体の九四%と高い山村ではあるが、東端は太平洋に面している。岩泉町に最初にホルスタインが導入されたのは明治初期、横浜の外人の牧場からであり、日本酪農経営の発祥の地といわれる所以である。

中洞《なかぼら》牧場は、町の中心部まで車で三〇分、県都盛岡まで車で二時間半かかる交通の不便な場所にある。

私の酪農経営は、舎飼い、高泌乳を目指さず、一年を通して昼夜を問わず放牧し、そこから生み出される本物の牛乳を自家処理して販売していることが特徴である。放牧地も人為的に管理されたものではなく、地域の生態系を生かし、自然の植生、草資源を利用している。これまでさまざまの試行錯誤はあったが、牛は健康で病気もなく、人手も大幅に省くことができ、糞尿処理や助産などの問題もなくなった。私が目指したのは、山地放牧型酪農であるが、もともと口コミによって広がった私の牛乳(エコロジー牛乳)は、高級牛乳として高い評価を受けている。

2　周年昼夜自然放牧への歩み

建売り牧場への入植

昭和五十二年春、大学を卒業し故郷に戻った。代々水呑み百姓ではあったが、私はその十三代目にあたる。その三〇〇年の家の歴史の重さとともに、岩手県の北上山地が学生時代に学んだ山地放牧型酪農には最適と思われたから、この地での創業を決意した。破産した農家の長男に生まれた私には当然、土地もなければ金もなかった。経済的信用度は皆無であったにもかかわらず、土地を探し続けた。数頭の牛の世話をしながら、山仕事などの日雇いをして、七年間土地を探し続けたのである。経済的裏づけもないまま土地を探すということは無謀であったと今では思う。高邁な理想はあったものの、現実の壁の厚さをつくづく感じた七年間であった。今振り返ってみると、この時期が精神的に一番不安定なときであったと思う。

昭和五十九年の春、現在地に入植。農用地開発公団によるいわゆる建売り牧場であった。総面積五〇ha（放牧地一六ha、採草地一二ha、その他山林）、牛舎四二頭対頭式、トップアンローダーの気密サイロ、バーンクリーナー、固液分離、牧草刈取り機械一式を装備した近代的酪農方式の牧場であった。入植前から行政による補助金事業の問題はよく認識していたため、入植には正直いってためらいがあった。しかし、五〇haの面積には放牧地があり、手つかずの山林が二〇ha以上あって、それが最大の魅力だった。機械設備の過大投資が、いくら補助率が高いとはいえ大きな問題であることは認識できたが、広大な面積で山地放牧ができる立地条件が私に入植を決断させた。当初一一頭で入植した。一年後、妻を迎えた。その一年後、長男が生まれた。牛を増頭し、四～五年後に六〇頭まで増え、子どもも四人に増えた。幼い子どもを牛舎で世話しながら、妻と働き続けた。肉体的には一番きつい時期であった。

試行錯誤の繰返しから完全放牧へ

いくら放牧形態の酪農を夢見ても、平坦な放牧地ならまだしも、北上山地の急峻な山地放牧に適合する牛はまずいない。適格牛を自家生産するしかないのであるが、借入金の返済もあり、悠長なことをいっていられない現実があった。そこで、外部から初妊牛を十数頭も導入したが、放牧に不慣れなため事故の発生も多かった。妻と二人でさまざまな試行錯誤を繰り返し、周年昼夜の完全放牧に移行できたのは、入植後六年が過ぎていた。このころは、まだ完全ではなく事故などもあったが、そのころから徐々に牛も放牧に慣れて、放牧の冥利がわかってきつつある時期でもあった。

冬場の放牧地へのサイレージばらまき給与

またサイレージ収穫作業も、それまでの共同作業形態で行なわれていたものを、ロールベーラーの導入で個人作業に切り替えた。このロールベーラー体系が功を奏して、冬季放牧のサイレージ給与の作業を軽減することができた。冬場、ロールサイレージをローダーで放牧地（採草兼用地で平坦なところ）にばらまき、給与するのである。食い残しや糞尿はそのまま草地に還元される。弱い牛が強い牛に邪魔されずに、サイレージを食べることが可能となり、後述するように降雪時の糞尿の問題も同時に解決した。牛を放牧すると、さまざまなことを牛から学ぶ。自然交配、自然分娩、自然哺乳などがそれだ。経営者の少しの発想の転換があれば、酪農技術の根幹といわれているほとんどを牛たち自身がやってくれるのである。経営者の発想の転換とは、自然と共生し、牛に無理をさせず、大量生産を求めないということではなかろうか。

3　自然放牧

私は自然放牧の定義を次のように考えたい。周年昼夜の完全放牧、しかもその放牧地は人為的に管理したものではなく、自然の植生でありたい。高位生産だけを重視した放牧地ではなく、環境に負荷をかけず、地域生態系に適合した型の放牧地で、牛が介在した自然環境のもとでつくられる放牧地が理想である。

林間放牧と採草地への放牧

私の場合は、入植当時一六haの不耕起の造成放牧地があった。不耕起ではあったが、いわゆる外来牧草を化学肥料とともに播種して造成された放牧地であった。その後、私はいっさいの化学肥料の施肥をストップした。自然のままに放置して、ただ牛を放牧しているだけであった。当然、一六haの草量は五〇〜六〇頭の牛には不十分である。そこで、林地として残っていた山に牧柵を回し、林間放牧をした。若木のところは下草もあった。また、巨木となっているところも、下草はなかったが熊笹が一面に茂っていた。若木の下草を好む牛は多いが、熊笹は草ほど好まれない。しかし、放牧地の草が少なくなれば、当然牛も食べる。若木の林間放牧は一寸先も見えないブッシュであったが、二〜三年放牧を続ければ下草や牛の口が届く高さまでのブッシュはなくなり、見通しがよくなってくる。次には、ブッシュではなく、木の下に野芝をはじめとする野草が密生してくるのである。採草地も一〇haあったが、放牧可能な採草地は放牧兼用地とした。刈取り後に、圃場周辺の残草を放牧で食べさせたり、晩秋から春までの放牧（サイレージの給与場所）に利用した。兼用地も含めれば、放牧地の面積は四十数haとなり、五〇頭前後の放牧が化学肥料に依存しなくても可能となった。

冬場の熊笹と育成牛

また、熊笹の茂る場所を冬場の育成牛の放牧地とした。北国、北上山地の冬は早い。どんなに遅くとも、十月下旬にはサイレージ給与に変わる。しかし、すべての草が枯れた晩秋になっても、熊笹は青々と茂っているため、ここに、晩秋から雪が積もり始める十二月末まで育成牛を放牧した。熊笹以外はいっさい食べるものがないから不安もあり、毎日ふすまを持って監視に出かけた。予想以上に旺盛な食欲で、熊笹のみで厳しい初冬を過ごしたのである。しかし、三年も続けると頼みの熊笹もなくなってくる。

冬季の夜間放牧

周年昼夜の完全放牧は、入植六年目くらいから全頭で行なうようになった。それまでも可能なかぎり、冬場でも日中は舎外に出していた。そのさい、雪の上に寝ころぶ牛も多くいたので、冬季の夜間放牧も天気さえよければ問題ないと思っていた。そんなとき北海道清水町の出田牧場の無畜舎酪農の記事を読んだ。それを読んでかねてから想定していたことを実行に移すときだと決意した。出田義国氏の場合はマイナス三〇℃と書いてあった。当地では、いくら冷えてもマイナス二〇℃前後である。しかも入植後六年も経過し、牛も相当強靭になっていると思われた。当初は、風が強いときなどは真夜中に飛び起きて、牛の様子を見に行ったこともたびたびあった。さすがに風が吹いているときの牛は、背中を丸め、体を寄り添わせて、寒さをしのいでいる。しかし、翌朝晴天になると、何事もなかったように悠々とサイレージを噛み、雪の中で昼寝をしているのである。風が吹いた翌日に乳量が極端に減ることもなかった。乳牛は寒さに強い動物であるとよくいわれるが、このことをハッキリと実感できた。

子牛の凍死と乳頭のひび割れ

しかし、滑落の事故が数頭あった。また、毎年真冬に舎外で産気づき、雪の中でお産をし、子牛が凍死することがある。これは、自然交配のために、分娩予定日が判定できないため、避けられないことである。また、基本的に冬のお産は牛舎でするようにしているものの、ふだん牛舎に牛がいないのがふつうになっており、牛舎の中に牛がいることが煩わしく思えるので、可能なかぎり分娩予定ぎりぎりまで舎外におく。すると寒中でのお産となり、子牛の凍死という事故が起きるのである。乳頭のひび割れも多発した。搾乳後、すぐに酷寒の舎外に出されるからである。しかし、これも数年して自然に適応し、以前ほどひどくはなくなってきた（最近は、以前ほど寒さが厳しくないためか）。それでも、激しくひび割れする牛には、ラード（豚肉の脂肪分）をクリームにして乳頭に塗ってやることで防止できる。ラードを肉屋からもらい、そのまま鍋で煮詰めるだけでクリーム状になる。ラードは空気が冷え込むと固くなるが、上部にお湯でも入れて溶かしてやると、塗ることができる程度に軟らかなクリーム状になる。

自然放牧での最大の苦労

自然放牧で最も苦労した点は、夜の搾乳時に牛が帰ってこないことだった。毎日ではなくても、帰ってこない日がよくあった。搾乳が終わる時間に、二〜三頭の牛がいないことがあり、そのつど真夜中の放牧地へ懐中電灯を持って探しに行くのである。とくに霧の日や雨の日は悲惨である。夜の九時、一〇時に一時間以上牛を探し回ったときもたびたびあった。このときはさすがに、舎飼い酪農がはるかに楽だなと思った。最も悲惨だったのは、台風で風雨が激しい夜、しかも風邪で三九℃の高熱にうなされているとき牛探しに出かけなければならなかったことである。こともあろうか、その夜は何と一頭の牛も帰ってきていなかった。この牛探しは三年くらい続けた。ところが、この牛探しも、今ではほとんど必要がなくなった。およそ定時になると、牛たちが勝手に帰ってくるようになったのである。ときには一～二頭帰ってこなかったり、搾乳時間に遅れたりする牛もいるが（搾乳時間といっても定時ではなく、牛が帰ってきたとき行なう）。今は帰ってこない牛が一～二頭の場合は搾乳しないこともある。当時は、一回でも搾乳しなければ乳房炎になるという考えがあったが、健康な牛であれば、一～二回搾乳をしなくても乳房炎になるものではないことが、今ではわかっている。

冬場の干草・サイレージ給与

冬場の干草・サイレージの給与は、十月中旬ごろから始まる。採草放牧兼用地が冬の餌場となる。面積は法面まで入れれば七haになるが、段々畑のように四段に分かれており、積雪が多くなれば奥の草地には入れなくなる。積雪になる前は、一番奥の草地で干草やサイレージを草地全体にばらまいてやる。以前は草架なども使ったが、一か所に牛を集中させれば、必ず糞尿の処理、泥濘化などの問題が起きる。このばらまき給与で、それらの問題は徐々に解決された。積雪が多くなるにつれ、牛舎近くの草地で給与するようになる。春、雪が解ければ草地全体に糞が落ちている。

4　交配・分娩・哺乳

放し飼いによる自然交配

わが家には二頭の雄がいる。一頭は純粋なジャージーであり、もう一頭はホルスタインとジャージーのF_1である。受精はすべてこの二頭でまかなう。すべて放し飼いであるから、発情時に一頭だけつなぎ、授精師を待つ。これが大変なのである。放牧の場合、自然交配は、なるべくしてなった必然的に発生する技術であると思う。ちまたではクローン牛がブームとなっている。そんな時代に、私は人工授精をも否定している。なぜ人工授精やクローンが必要なのだろうか。簡単にいえば、生産コストの軽減が大きな目的となっているが、生命の根源を冒涜してまでコストを追求しなければならないのだろうか。コスト以前に、もっと大切な食としての要素があるはずである。命の尊厳を最も重んじなければならない農業という産業には、クローンなどという科学の落とし子的技術は似合わない。子どもをつくるという行為は、人知を超越した尊厳ある行為である。その尊厳ある行為のもと新しい生命が誕生し、次代を担う生命となるのである。基本法農政は大量生産が絶対的使命であった。今後は大量生産で価値が増幅する時代ではない。縮小する経済に付加する価値の時代ではなかろうか。とくに自然と共生し、命にかかわる食に直結している農業には、経済理論以前に大切なものがあるはずだ。

放牧地での自然分娩

自然交配と同様、放牧の場合は必然的に自然分娩となる。冬場のお産以外はすべて自然分娩である。入植当初は何回も難産に悩まされたが、牛が放牧に慣れてきて、完全放牧に移行してからは放牧地での自然分娩である。自然界の動物で助産を必要としてお産するものは皆無であろう。人や牛など限られた動物だけに助産が必要となる。周年昼夜、完全放牧で自然分娩が確立したことは、自然の摂理そのものであった。出産時にはほとんどの牛が別行動し、夕方の搾乳時にも帰ってこない。放牧地でお産しているのである。生まれた子牛がオッパイを飲み、自由に歩けるようになれば、母親とともに帰ってくる。寒い冬の外での出産はさすがに無理である。分娩間近になったら牛舎に入れ、牛舎でお産させる。つないだり、狭い産房でのお産で、不自由なお産である。助産はしないが、やはり外での自然分娩とは違って、注意を要する。

病気せず成長のよい自然哺乳

哺乳は当初、人工乳でやった。発酵初乳での哺乳も試みた。多いときには一度に十数頭に哺乳することもあった。カウハッチをつくり、その中で哺乳もした。大変な労力である。そのうえ、敷料が汚れれば交換しなければならない。下痢や風邪にも注意しなければならなかった。ところが、自然哺乳にすると、人間がすることがいっさいない。しかも、下痢もしないし、風邪もひかない。丸々とすばらしく成長するのである。

反面、出荷する乳量は少なくなる。わが家の乳量は年間で一頭当たり四〇〇〇kg程度であるから、一日量にすれば多いときでも二〇kgぐらいである。生後一か月くらいの子牛だと、ほとんど飲みきってしまう。非常に不経済であることは確かだ。しかし、子牛のころに母親の愛情を一身に受け、広大な野山を駆け回って育った子牛は、すこぶる丈夫である。その牛が十数年も働いてくれるとするならば、たかが一か月くらいの哺乳でシブる必要はない。

とくに子牛が母牛とともに生きている姿は、経済の原理以前のすばらしいものがある。あのように無邪気で愛らしい子牛を、薄暗い牛舎につなぎっぱなしにして飼うのはかわいそうである。子牛は、生後一週間ぐらいは、母親から片時も離れることがなく、常に母親の後について行動する。ところが、二週間もたつと、同じ年代の子牛と遊ぶのである。数頭でグループをつくり、広大な放牧地を自由に駆け回って遊ぶ。お腹がすくと、母親のそばにきてオッパイをねだるのである。母親も一週間くらいは子牛を気づかいながら行動する。少しでも遅れるものならすぐ戻り、子牛を連れてくるのである。ところが二週間もたつと、母親も無頓着となってくる。オッパイをせびられたときに与える程度となる。一か月半から二か月ぐらいで離乳する。その間、ふんだんに母乳を飲み、野山を自由に跳び回って育った子牛の成長はすばらしい。離乳のさいは、子牛をつかまえて牛舎に隔離する。二〜三か月隔離すれば母親を忘れ、哺乳もしなくなる。そのころを見はからって再度放牧する。

5　エコロジー牛乳の誕生

牛乳にかぎらず食の基本は、安全であること、健康的であることにつきる。とくに加工食品とは違い農産物の場合は、この点を強調すべきであると思うし、それを消費者も期待していると思われる。しかし、残念ながら牛乳業界はそのことにあまりにも無神経であると思う。ほかの農産物は有機無農薬ものが消費者から大きな支持を得ている。残念ながら牛乳には、そのような生産志向は存在しない。高泌乳、高成分の牛乳を追求することだけ考え、ポストハーベスト農薬で汚染され、消費者が大きな不安を持っている遺伝子組換え作物が大量に混入された輸入飼料を平然と使用しているのである。そのことによって乳牛が短命化しているのも、酪農業界では周知のことである。しかし、牛乳業界では、安全性より追求してしまう高泌乳、高成分にどの程度の価値があるのか常々疑問に思っていた。

宅配からの広がり

入植当初は、若牛が多かったし、当時はまだ成分格差もそんなに厳しいものではなかったために、成分についてはあまり苦心しなかった。しかし、入植後四、五年経過したころから、成分重視の乳価設定がされ、夏場の成分低下に苦しめられるようになってきた。また同じころから、頻繁に食紅を入れる生産調整が行なわれるようになり、放牧青草給与を否定する風潮が顕著になってきた。そんななか、私の考えに賛同してくれる人が何人かいて、牛乳を分けてほしいといってきた。そこで、入植八年目の平成四年一月、原乳を無殺菌のまま宅配したのである。厳密にいえば、このときがエコロジー牛乳の誕生である。

当然、保健所に知られれば大きな問題になることはわかっていた。そのため、お客には「内緒の牛乳」として宅配した。しかし、その「内緒の牛乳」が隣から隣へと口コミで広がっていき、たった数本から始まった宅配が半年後には一二〇本まで増えていたのだった。牛乳とともに、私の酪農、牛乳についての考え方、あるいは牧場のようすを知らせる「牧場新聞」なるものも一緒に宅配した。

冬に始まった宅配は、夏になって、乗用車のトランクに載せての宅配では温度の上昇もあり、限界に達していた。そこで、町内にあるプラントに委託加工をお願いしたところ、快諾してくれた。このときがエコロジー牛乳の正式なデビューである。当初は週一回だけの製造宅配であった。七二〇cc四〇〇円と価格は高めに設定した。正式のデビューで、マスコミ取材が始まり、世間に認知され、販売本数も徐々に増えていった。週一回だけの製造が二回、三回と増え、やがては毎日製造となった。毎日四〇〇～五〇〇本製造となって二、三年経つと、その量で一定してきた。

自家プラントの建設

その後、委託加工によるさまざまな問題が生じて、自家プラントの建設となった。プラント建設では、多くの人たちからいろいろのご協力があった。とくに、経理では、地元専門店会の理事長から特段の指導と協力を受けた。

平成九年六月末、念願の自家プラントが完成し、事務所と売店も併設した。いくら酪農家として牛乳を生産してきたからといって、牛乳プラントの知識は皆無に等しかった。書物も読んだが、主として体験で学んでいった。プラント稼働当初は、一週間夜通し働いた。その後も二～三日の連続の徹夜がたびたびあった。殺菌工程から検査、浄化槽など、ミニプラントとしては万全を期したと自負している。そのころにはエコロジー牛乳が高級牛乳として位置づけられるようになっていたので、その名に恥じない品質管理をしなければならなかったのである。

その設備の充実が、その後の販売にも好結果をもたらすこととなる。つまり、生産過程（牧場）は全国的にまれな酪農方式であると評価してもらえるようになって、エコロジー牛乳の価値が高められたわけだから、プラントでの製造工程も完璧なものとしなければとの思いから、無理しても設備は完璧なものとした。その後、大きな取引先との契約が決まったのも、プラントの設備の充実が大きな要因となっている。品質的にも、プラント完成後ただの一回も品質不良を見ないことは、スタッフの努力と設備の充実のためであると思う。

消費者への情報伝達

当初の「内緒の牛乳」では、いわゆる口コミという、マスメディア以外の情報伝達の力をおおいに痛感し、情報伝達の重要性を再認識した。情報の欠落が日本の酪農、牛乳の発展に大きな阻害要因となっているのではないかと思われた。私が今まで消費者に対して発信し続けた情報は、牛乳はナチュラル、ヘルシーでなければならないという考えをもとに、牛舎での密飼いの問題、高泌乳・高成分追求の弊害、輸入飼料の安全性の問題、穀物飼料によるカロリーの迂回生産の問題にまで及んだ。四季折々の牧場のようすなどもまじえて、つたない文章ではあるが、考えを重ねて、情報を流し続けたのである。手法は多少変わったが、基本的な情報提供は今日も変わることなく続けている。

このエコロジー牛乳を、宅配便で全国各地に発送しているが、びん代、送料を含めると一本当たり一〇〇〇円近くにもなる。決して気軽に手を伸ばせる価格ではない。それでも、発売以来七年間、ずっと飲み続けてくれる人びとが多くいる。この人びとは私の酪農、牛乳に対する考え方、経営方式をよく理解してくれていて、それを支援してくれているのである。

エコロジー牛乳の成分表示は、乳脂肪分三・〇%、無脂乳固型分八・〇%となっている。一方、市販の牛乳の大部分は、この乳脂肪分表示は三・五%以上で、なかには三・七%の表示のものまである。そのようななかで三・〇%はきわめて低い数値といえるが、輸入飼料、配合飼料を拒否した自然放牧の酪農形態であれば、三・〇%の表示にならざるをえないことを消費者に理解してもらった。反対に、高成分牛乳は配合飼料をベースに構築した技術であり、前述のような問題もあることを知ってもらえるように努めた。

6 私の酪農観

「アルプスの少女ハイジ」への感動が原点

私は、幼少のころから酪農に漠然としたあこがれを持っていた。山村で育ったが、そこにはいつも身近に動物がおり、そのなかでも乳牛には一番親しみを持っていた。また、中学時代に見た映画「アルプスの少女ハイジ」にも感動をおぼえた。それが私の心に心象風景（原風景）となっていつまでも残り、大自然の中で牧歌的な酪農をしたいと考えるようになった。

東京農業大学在学中、当時「草の神」とまで呼ばれていた理学博士、猶原恭爾先生が提唱する山地酪農研究会というサークルが学内にあり、その門をたたいた。それがきっかけとなり、会員の仲間とともに猶原先生の指導を受けた。日本の国土の七割を占める山地地帯に、日本の国土植生に最も適した野芝主体の山地放牧酪農の創設を目指す「猶原式山地酪農理論」に接したとき、これぞ理想の酪農だと感動した。また、ビデオ、写真、あるいは直接放牧の現地で見た山地酪農の情景は、まさしく「アルプスの少女ハイジ」の世界そのままであった。それらの理論の上に構築された私の酪農観は、当然のなりゆきとして、舎飼い、高泌乳志向の酪農を否定するものであった。

「限りなく自然のままに」

農業（酪農）の工業化が進められ、本来あるべき姿がゆがめられた最大の要因は、画一的大量生産方式であったと思う。とくに酪農の場合は、基本法農政の錦の御旗としての色彩が強く、他の作目よりも強力に大量生産がすすめられた。農は食であり、命そのものである。当然、自然との共生、全人類との共生、そして命そのものとしての食が安全であることが、何よりも優先されなければならない。ところが、工業化された農業は、その基本的なものをないがしろにして拡大の一途をたどった。

また、人類の食糧である穀物を配合飼料と称して牛に食べさせる、カロリーの迂回生産問題が発生した。世界には、八億もの人が、日本の乳牛が食する穀物を食べることができず、飢えに苦しんでいる現実がある。これからの二一世紀には、さらに食糧不足が懸念される。こうしたとき、現状のまま、カロリーの迂回生産を続ける日本酪農（畜産全般）は、次世代に好ましくない産業と評価されることは確実だ。

安全性においても、ポストハーベスト農薬（収穫後、輸入穀物に散布される）の問題、その安全性も確認されていない遺伝子組換え作物が輸入穀物の中に大量混入されているという問題も、ないがしろにされている。健康的で安全で安心なものという食の基本理念は、酪農の業界ではまったくといっていいほど忘れ去られているのだ。また、牛そのものの短命化も大きな問題である。つまり、乳牛の短命化はそのまま、牛の不健康の証明なのである。乳牛の寿命を縮めてまでも高泌乳を追求する形態は、決して農的発想ではない。

私の酪農観は、極言すれば「限りなく自然のままに」の一言につきる。このことは、人知を超越した大自然のなすがまま、牛乳を生産する酪農を目指すことである。それは周年昼夜自然放牧、自然交配、自然分娩、自然哺乳などの技術を背景として構築されるものなのである。

牛乳に正当な評価を

牛乳の本質をどこに求めるべきであろうか。私は、工業的飲料との差別化を図るという意味合いから、また食の本質を追求するという考えから、ナチュラル、ヘルシーを本質としたい。人間もこの大自然の一生物にすぎないとすれば、何を食すればよいかはすぐ理解できよう。まして昨今はダイオキシンとか環境ホルモンとか、化学物質による弊害が取り沙汰されている。そんななかで、より自然な食を求めようとする消費者のニーズは、ますます高まることは確実である。自然な牛乳とは、牛の飼われている環境、餌、加工方法の全般にわたって、何より自然に近いことが望まれる。すなわち、自然豊かな環境で放牧され、自然のえさを食べた牛の生み出す乳を、可能なかぎり熱変性の少ない温度で殺菌することにある。当然、均質化と呼ばれるホモジナイズの工程も除外されるべきである。

牛乳の本質を別な表現でいうと、子牛の母乳であるということになろう。それと、酪農家の不眠不休の汗のたまものであるはずだ。そういった牛乳が、工場で大量生産される缶ジュースやミネラルウォーターと、同等かもしくはそれより安価な価格で販売されているのが常である。このような価格は、丹精こめて牛乳をつくってきた酪農家にとって屈辱以外の何ものでもない。牛乳は缶ジュースよりも価値があり、その価値に見合う価格を設定されなければ、酪農家の誇りは踏みにじられる。

本来の酪農の姿を求めて

近年、環境問題が大きな話題になっている。また、食の安全性も国民の関心事となっている。日本民族の食生活のあり方も、国民的議論が必要となってきている。このようなさまざまな社会情勢に日本酪農も対応していかねばならない。今までの画一的大量生産偏重の時代は、高度経済成長の終焉とともに終わった。今後は「環境、食、いのち」がキーワードとなるだろう。とくに今後の世界の食糧事情は予断を許さない状況にある。世界人口の急増と、環境破壊に起因する穀物生産の減退による食糧危機も危惧されている。このような状況下、人間の食糧である穀物を飼料とすることは許されない。また、規模拡大の弊害として顕著になってきた糞尿などによる環境への負荷も、さらに問題となってくるだろう。

これらの問題の解決には、「自然がもたらした最良の飲み物」であるはずの牛乳が、その本質を損なわずに価値に相当する価格の設定が可能となるような飼養、加工、流通ルートの確立も急がねばならない。農協系統による一元集荷方式も、牛乳流通の透明性を損なう大きな要因となっている。価値に相応した価格の設定が、いたずらな規模拡大を阻止できるし、そのことが環境問題を含めて牛乳の評価の向上につながると思う。幸いにも、日本には国土の七割を有する山地地帯に豊かな草資源が眠っている。その山地地帯で悠々と草を食む牛の姿が、本来の酪農の姿であると確信している。

4 有機畜産入門以前―有機農業とわが鶏―
＜茨城・魚住農園＞

1　日本の有機畜産基準導入について

有機農産物の指針（一九九九年）採択に加え二〇〇一年七月、コーデックス委員会は有機畜産の指針を採択した。ＷＴＯ体制下のもと、一般の農産物に加え、有機農畜産物の輸出入のグローバル化に拍車がかかることになった。

これを受けて農水省が二〇〇一年八月に「有機畜産に関する検討会」を設置、〇二年三月末までに検討結果を公表することとなった。わずか半年間の検討で国際的整合性の名のもとに日本の有機畜産の大枠が決められ、たがをはめられ、基準をたてに有機が論ぜられることになったのだ。

これまで、市民レベル、農民レベルで培ってきた有機の哲学や思想が理解されぬうちに、否、それらが欠落していても、今日、基準をクリアしていさえすれば、有機を語れる時代になった。認証されると大手を振って認証マークをつけた有機農産物が世間一般に流れ始めた。そうして早や二年が経つ。

そして、今度はにわかに有機畜産が論じられるようになってきた。

近代畜産＝工業的多頭、多数羽飼育の薬漬け畜産からの脱却、超克としての有機畜産が、有機農業の思想に基づき、しっかりと位置づけられるのであれば歓迎すべきであるが、ただ単にコーデックスの基準に即してという、表面的な基準の整合性の尺度だけで論じられていくのはいかがなものか。消費者とともに底辺から積み上げてきた有機農業運動に込めてきた世直しの質も、有機認証を錦の御旗とした国内外の有機ビジネスの勢いにかき消されかねない。日本の風土に根ざした有機農業、有機畜産の健全な広がりの芽をつんでしまう恐れもある。

これまで実践的に有機農業に取り組んできた人たちの努力と成果が有機畜産の考え方や枠組みづくりに十分に反映されないと、根のない日本型有機畜産の虚像が一人歩きしないとも限らない。要注意である。

近年、有機農業という言葉と並行して、有機畜産という用語が聞かれるようになったが、どこか釈然としない感がするのは、私一人だけであろうか。畜産という言葉の上に有機をくっつけて有機畜産ということであろうが、どうもとってつけた感が否めない。

戦後、とくに高度経済成長時代以降、畜産は土に根ざすことなく農業とは分離して、一つの産業として商社やアグリビジネスの対象となり、いわば、農民の、農業の感覚とは異質の工業的な効率優先の発想のもとに家畜が機械的に飼育生産されるようになった。生産効率を上げるため家畜は狭いスペースに押し込まれ、身動きもできず、外気や日光にもあてられない環境下で薬漬けにされた。短期間に肥育がすすむようにホルモン剤や抗生物質が乱用され、濃厚飼料が多給されたり、反芻動物に動物飼料が与えられたり、食べ物としての安全性と品質は著しく低下した。ＢＳＥ（牛海綿状脳症）の発生もこうした近代畜産の破綻の現われといって過言ではない。

多くの農家が一九六〇年代半ばごろまでは伝統的に保持してきた、いわば、自給肥料をつくるため副業的に大事に育ててきた牛や豚、鶏は、工業的加工畜産産業の進出に伴い年々駆逐され、農家の手から離れていった。奪い取られたといったほうがよいだろう。この工業的加工畜産はもともと、安い輸入飼料と薬漬けを前提としており、風土に根ざした農地や放牧地と家畜とが密接に立脚する有機農業とは、まったく異なる存在であるといわざるをえない。

もし、有機畜産という概念を国際間の共通認識にするのであれば、いのちの論理に基づき、動物福祉の観点は当然のこと、その地域の風土に根ざした農業と密接に結びついた有畜複合経営の中に位置づけられるか、山地酪農、林間放牧に見られる地域の山林や牧野の環境を悪化、破壊することのない適性規模と密度で行なわれなければならないという考え方が基本になければならない。

いわば工業的加工畜産からの脱却であり、家畜を有機農業を展開する上での必須条件として、農家のもとに取り戻す、呼び戻す運動として位置づけられて初めて、健全な有機畜産は定着するものと思う。

2　わが農場の生産と援農

耕作面積は約三ha（うち水田は一五a、自家用）で、野菜の周年栽培（年間五〇〜六〇品目）のほか、小麦、大豆を五〇a、ナタネ、小豆、ソバなど自給できるものをつくり、平飼いで鶏を六〇〇羽飼育している。

週三〜四回の定期的出荷を年間通して維持し、消費者へ直接運んでいる。顔の見える提携を軸に据え、私たち自らが生産物にメッセージを乗せ、消費者に送り届けている。生産現場をよく理解し、有機農業とはどんなものか消費者自ら体験・実感してもらうため、援農への参加を呼びかけている。援農を通じ、有機農業の楽しさ、難しさを肌で実感してもらっている。その共有感が絆を深め、提携関係をよりいっそう強いものにしているように思う。

世直し運動として始まった有機農業運動が自らの生活を問い直す活力を失わないためにも、有機ビジネスにからめとられないためにも、「土」に触れる援農は重要な要素だと思う。農場の生産が今日軌道に乗れたのは多くの人びとの援農の賜物であり、農場は年々充実しつつある。

近年問題となっている遺伝子組換えやクローンのこと、ＢＳＥ、ＪＡＳの有機認証制度や表示のことなど、身近な問題も含め、話し合うことは山ほどあり、作業の合間に語り合うことはとても有意義である。

以下、こうして多くの消費者の協力と理解のもと築き上げてきたわが農場の有機農業の実際を、鶏を軸に紹介してみたいと思う。

3　養鶏の目的

わが農場で鶏を飼う目的は、

（A）良質の卵や鶏肉を得ること＝タンパク源の確保
（B）良質の鶏糞を得ること＝堆肥の生産

である。

現在、前述のように六〇〇羽の採卵鶏と三haの田畑を耕作している。周年露地栽培の野菜のほか、大豆、小麦、ナタネ、ソバの生産をしているが、肥料はこの平飼い養鶏から得られる鶏糞でほぼまかなっている。鶏糞を堆肥場で再発酵させたり、土と米糠、遺伝子組換えでないナタネ粕と混ぜてボカシ肥をつくり利用することもある。

作物生産の肥料源として外部の肥育牛生産農家の牛糞堆肥も使用していたが、一九九六年に遺伝子組換え飼料（トウモロコシや大豆、ナタネ）の輸入が開始されてからは遺伝子組換え技術による思わぬ弊害が起きぬとも限らないと思い、遺伝子組換え由来の飼料が使われている可能性の高い外部の家畜糞の堆肥の使用は中止した。そのため、比較的堆肥の投入が少なくてすむ、豆類、穀類、雑穀類の生産を増やすことで対応した。

これまで野菜栽培に偏っていた生産であったから、畑の地力維持、輪作のためにもこれらの作物の導入は必要かつ好都合であった。これにより消費者に味噌用大豆、うどん、そば、小麦粉の提供もできるようになり、出荷品目のバランスもよくなり、自給度は以前より高くなった。

魚住農園の平飼い養鶏

4　平飼い養鶏の実際

鶏　舎

二間×三間（一間は一・八m）の六坪の広さを一部屋とし、八部屋の鶏舎のほか、一部屋六坪の育雛舎がある。運動場は併設していない。一部屋には七五羽のメスと四二五羽のオスと入れてあり、有精卵として出荷している。

建物は南向きの小高い丘の中腹に位置し、風通しや水はけは良好である。床はコンクリートではなく、土間である。適度な湿度を保つこと、良質の発酵菌の棲み家として、床は土間がよいと思う。鶏糞を肥料として取り出した跡にもこれらの菌が土間に生き残り、新しい敷料（モミガラ、落ち葉、稲ワラ）と鶏糞の発酵を助ける。そのため、鶏舎の消毒や洗浄は行なわない。洗浄は、くもの巣が夏場、金網の目をふさいでしまうので、そのとき水で洗うぐらいである。

外壁は全面、金網であるが、基礎はブロック段積みで、その周りは外敵（野犬や猫）に侵入されないように板で補強し

温土器
太陽熱
トイレ
夕方の楽しみ
愛犬ヒロ
カラスが卵をねらっている。
エサ置場
床は土間で、モミガラと鶏糞が鶏が動き回ることにより自然とかきまぜ合わさり、発酵する。発酵菌なしでも悪臭はない。
〈平飼養鶏〉
鶏のエサはトウモロコシ・魚粉・大豆粕・小麦・米糠・クズ米・海草・カニ殻・ジャガイモ・サツマイモ・野菜クズを自家で調合。ポストハーベストフリーのトウモロコシも最近は手に入るようになった。
この平飼の鶏糞が野菜畑のだいじな肥料となる。
産みたてだー
サッカーもいい加減にしないと奥さんかわいそうね
そうよね

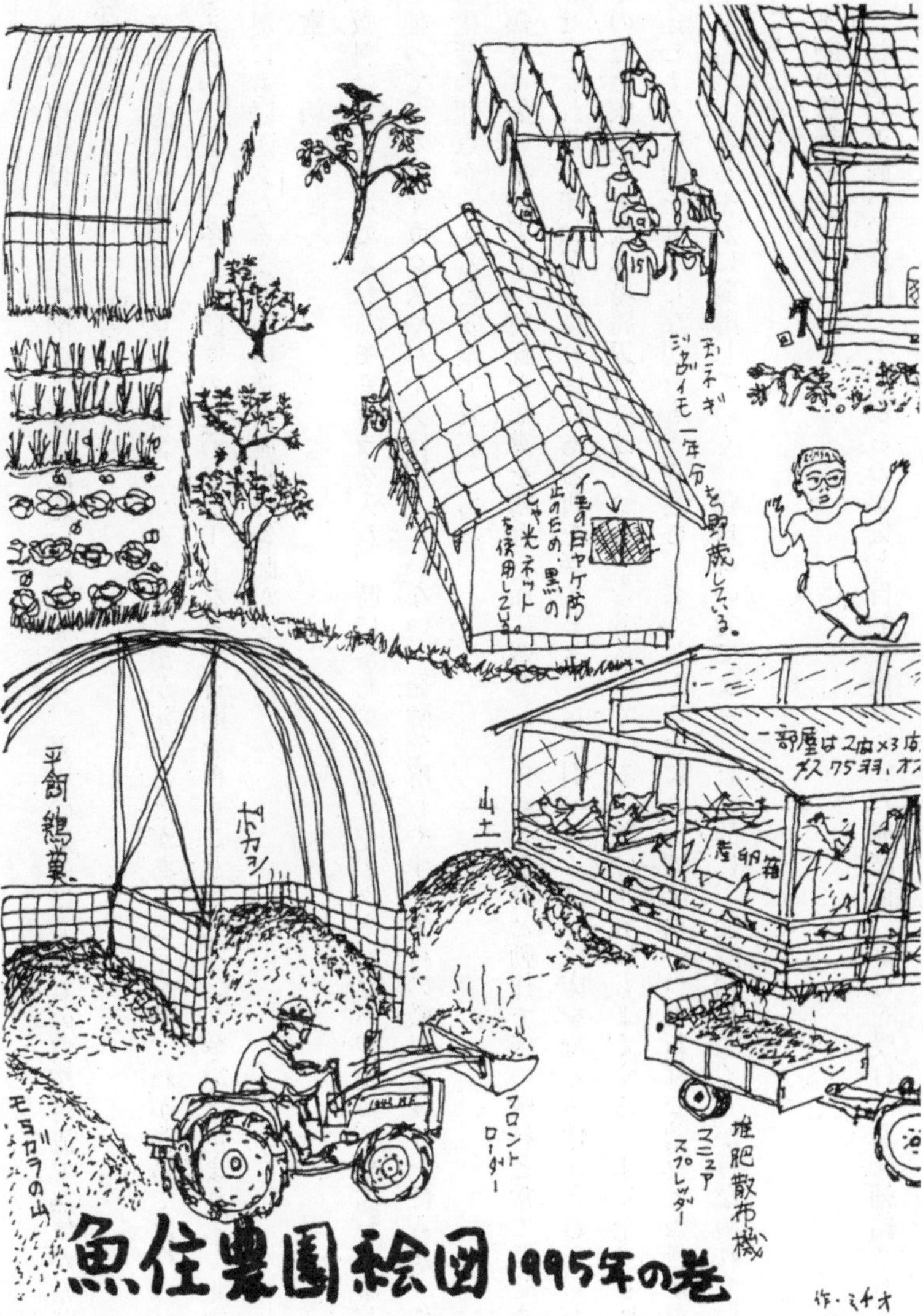
玉ネギ
ジャガイモ一年分を貯蔵している。
イモの日ヤケ防止のため、黒のしゃ光ネットを使用している。
一部屋は2間×3間
メス75羽、オ
平飼鶏舎
ボカシ
山土
産卵箱
モミガラの山
フロントローダー
堆肥散布機
マニュアスプレッダー
魚住農園絵図 1995年の巻
作・ミチオ

である。屋根はトタンで図のように段違いにしてあり、夏場の猛暑にも空気の自然対流で熱気が常時逃げていくようにしてある。

密飼い方式の鶏舎では夏場、猛暑でバタバタと鶏が死ぬことがあるようだが、わが農場では今のところない。また、冬でも防寒のためにシートなどで外壁を覆うことはしない。冬場は止まり木や北側の奥にも陽があたるような構造と屋根の勾配が必要だ。

敷料

敷料は主に地域でとれるモミガラを入れ、時に落ち葉や大豆やナタネやソバ、脱穀柄や稲わらなどを使っている。オガクズやバークは使っていない。発酵分解しやすい素材の敷料を使ったほうが、作物生産の観点からすると安全で安心である。

鶏は平飼い条件下では新鮮な鶏糞を鶏舎一面に落とし、自らの運動と動作で床の敷料と常に混ぜ合わせてくれる。床に落ちたり床にある餌を探すとき、足で引っかくように床を掘る習性があるからだ。そのため床は、水飲み場周辺以外はいつもさらさらしている。鶏は砂浴びもよくする。床に全身を埋め込むように羽を動かしながらもぐり込む。こうしたことによって床はいつも新鮮な鶏糞と敷料が混じり合い、ゆるやかに発酵していく。鶏自身の力により、日常的に、発酵鶏糞づくりが行なわれていることになる。

平飼い鶏糞

これらの平飼い鶏糞は、土間からの湿気と自然に棲みついた発酵菌の助けを受け、常時補給される新鮮な緑餌をたくさん食べた良質の鶏糞とモミガラなどの敷料とが混じり合い、ゆっくりと発酵がすんでいく。やがて、半年から一年の間に、モミガラの色が目立っていた床も灰茶褐色の良質の鶏糞堆肥と化していく。

鶏の健康と卵黄の色を確保しようと毎日緑餌を欠かさぬようにしているため、糞自体も床全体も匂いは少ない。バタリー方式の鶏糞（敷料はなく糞のみ）と平飼いのわが家の鶏糞とは、質、性状ともまったく違うのである。そもそも毎日の飼育は良質の肥料をつくるためとも思っているので、わが家の鶏糞は日々の努力の結晶ともいえるものだ。わが家の鶏糞はかけがえのない宝物である。

運動場

運動場を設けていないことにはいくつかの理由がある。①この貴重な鶏糞を確実に肥料源として活用したいこと、②運動場を設置すると雨や梅雨のときなど過湿条件となり、鶏の健康上好ましくない結果となる恐れがあること、③足が汚れるため卵も汚れ、洗卵すべき卵の個数が増えてしまうこと、等である。

原則として抗生物質、ホルモン剤等は何も使わない。マレックや鶏頭のワクチンを初生雛のとき接種してもらったことはあるが。コクシジウムが出たときには、飲み水や餌の中に食酢（人間の調理用でＯＫ）を入れることでほぼ止まる。初期の育雛段階に出るようだが、食酢の活用を知っていればあわてることはない。症状が止まるまで食酢を飲ませ、床を消毒したり床から隔離することはしない。

くちばしを切ること

当然やってはならない。わが家では、固いカボチャやイモ、大根、人参など野菜くずのほか、野草などの緑餌は、切断せずにほとんど泥つきのまま放り込んでやる。山盛りいっぱいのコンテの野菜クズは一日できれいさっぱりなくなる。これらをつついて食べるには先の鋭いくちばしが必要だから、絶対にくちばしを切ってはならない。

尻つつきが出たからといってくちばしを切る人もいるが、これは邪道である。尻つつきが出たときは性の悪い鶏を隔離するのがよい。

人工照明

日長時間が短くなると人工的に照明をして日中の時間を確保し、産卵を維持しようという近代手法があるが、わが農場では照明はいっさいしない。鶏の自然のサイクルからすれば、冬場、夏場の条件の厳しいときは自然に産卵率が低下するもので、初春から春はやはり産卵が多い。この鶏の自然の生理は、人工照明により人工的にコントロールして生理的負担をかけるべきものではない。むしろ人間が鶏のリズムに合わせるように食生活を工夫すべきなのである。

育雛

孵化したての初生雛を導入し、保温には古いコタツを利用している。事故防止と適正スペースの確保のため、コタツに囲いをする。囲いは、幅一mぐらいのトタンで円形にフェンスをつくり、その円を雛の成長とともに広げてやり、二～三週間後に育雛舎全体に広げてやる。入雛は年三回の二、六、十月で、これにより全体の卵量を調整している。

自らの農場で初生雛を育てることなく中雛、大雛を育雛場から購入する人も見受けられる。これは、餌の質と配合により体質が初期に形づくられてしまっており、育雛場の病原菌の持ちこみや耐性菌の拡散等の危険性をはらんでいるので、私は初生雛から育てる。

鶏　種

これまでワーレン、イサブラウン、ポリスブラウン、ニックチックブラウン、名古屋コーチン、ネラ、改良名古屋コーチンなど、茶および黒色の羽の産卵鶏を飼ってきた。これらは卵色もサーモンピンク、赤玉といわれる色で、産卵率も五〇～七〇％前後のようだ。ただ、当然のことかもしれないが、高産卵系の鶏種は卵質（卵殻の固さ、卵黄・卵白のしまり具合）の低下も早いようだから一長一短である。

飼　料

一九九六年以前は、ポストハーベスト・フリーのトウモロコシと輸入圧ペン大豆、大豆粕や米糠、クズ小麦、大麦を使った自家配合飼料、それに畑でとれる野菜クズや雑草などの緑餌を与えていた。しかし、九六年から遺伝子組換えのトウモロコシ、大豆、ナタネなどが輸入されるようになったため、これらを用いない飼料を使うことにした。

地域内、国内で自給できる飼料で成り立たせるのが本来の育産であるはずだが、飼料屋から手軽に手に入るもので済ませていた安易な自分を、遺伝子組換え作物の輸入は気づかせてくれた。当時の状況は、アグリビジネスのいいなりになり黙ってしまうか、自らの考えによりしっかり抵抗するかのどちらかであった。しかし、努力もせず、彼らの軍門に下るわけにはいかない。

そこで、これまでニワトリにはトウモロコシという固定観念があったが、これを払い去り、手に入る餌となりうる身近な飼料を探したのである。日本中でつくっているのは米や麦である。これを活用しない手はない。日本酒をつくる際の米糠や酒糠は十二月から二月にかけて大量に出る。これを飼料や肥料に使うのが賢明である、と気づいた。これらを軸に飼料づくりを早速試してみた。幸い転作奨励で大豆、小麦作が増えてきていて、クズ大豆、小麦、大麦が手に入りやすい状況にあり、購入のトウモロコシと大豆をやめても何とかなる予感があった。

八郷周辺で手に入る国産もの、酒糠、米糠、クズ小麦、大豆、大麦、カキ殻、貝化石を手に入れ、塩と水を混ぜ、一晩寝かせてみた。すると、鶏は最初、水分が少ないと微粒子で純白の酒糠をやや食べにくそうにしており、生のままの大豆を口に入れてもポロッと落としてしまう傾向があった。あきらめずに、水を加えたり大豆を水で一晩ふやかしたりして食べやすくする、という工夫をこらしてみた。その結果、鶏の好みは良好で、トウモロコシの二種混を与えていたときよりかえって食べ残しが少なくなった。

ただ、餌は全体に白っぽく、これで黄色い黄身が確保できるか不安であった。不安は的中した。とくに冬場の緑餌が少ないとき、黄味の色は白っぽくなるようなのだ。毎日毎日、野菜の外葉や野草を途切れることなくやることが、鶏の健康と卵黄色の保持に大切なことがわかった。黄色い黄身を確保するには、緑餌に含まれるカロチンの補給が一番だ。トウガラシの粉のパプリカを混ぜることもやってみたが、黄身の色が妙に赤っぽく、どうも不自然なので、すぐやめた。

魚粉は、これまで北洋ミールのスケトウダラを使っていたが、肉骨粉が魚粉の一部に使用されているという。たとえ船上で加工されたから大丈夫といわれても、昨今のデタラメ表示が横行する御時世、いつ何どき混入されるかわからない。これも使用をやめた。今は試みに、山形県のサケの孵化場から出る残滓と米糠を混ぜて発酵飼料化したものを、飼料に混ぜて与えている。今のところ問題はなく、成績も良好のようである。

このように、わが農場ではすべての餌を国産でまかなっている。今後、地域資源の活用と発掘、自給飼料の生産が大きな課題である。

有機畜産は国産の飼料で

有機畜産という概念からすると、わが農場の取組みは飼料自給の点でまだまだ到達していない。しかし、海外の有機認証飼料を輸入し、飼料中の有機割合が何十％以上だとして有機認証を取得し、有機畜産を名乗り、有機ビジネスを展開することが、われわれの本来の有機農業運動の狙いであろうか。このままいくと、工業的畜産の手法をそのままに有機認証を受けた飼料を使う資本力のあるアグリビジネスが有機の市場を独占する可能性があり、われわれの目指す有機農業運動とかけ離れた存在となってしまう。

農業と畜産が分断し、それぞれが連携することなくやってきた歴史を総括し、農民の手に農民の手で、再度生き物としての家畜を呼び戻すこと。それによってこそ有機畜産は定着するのであり、高密度の多頭化飼育・多数羽飼育を前提とした大規模な有機畜産は破綻することが明らかである。有機農業も有機畜産も、農民個々のレベルで最大限努力し醸成してこそ定着するのであり、安直な工場的規模の有機畜産の登場は健全な有機農業運動にとって障害になる恐れすらある。そして今、近代畜産による抗生物質など薬剤の多用により耐性菌が生まれ、人畜共通の病気が出現し、対応が大変難しくなってきているといわれる。このままにゆがんだ近代畜産を放置していては、有機畜産の発展もあやぶまれることはいうまでもない。

有機畜産物のグローバルな流通のための議論として有機農業、有機畜産が論じられているとすれば、本末転倒といわざるをえない。土に根ざした有機畜産を目指すわが農場の挑戦は、ほんの入り口に立ったにすぎない。

5 乳業メーカーとの提携による日本初の認証有機牛乳

＜千葉・大地牧場＞

はじめに

千葉県御宿にある大地洋夫氏の経営する大地牧場は、神奈川県のタカナシ乳業と協同で二〇〇〇年にアメリカQAIの有機認証を取得した日本で初めての有機認証酪農牧場である。これまで、飼料自給率が極めて低く、輸入飼料依存型の限られた土地での集約的酪農経営が主体の日本において、有機認証を取得しなければならない有機酪農は不可能に近いと考えられてきた。また、日本でのより安全な牛乳の開発は消費者と生産者の産消提携や産直主体に開発されてきており、乳業メーカーが主導する安全な牛乳開発は見られなかった。EUではEU有機畜産規則が施行されていることもあり、中小乳業メーカーだけでなく、大手乳業メーカーの有機牛乳の開発への取組みが活発化してきている。日本では、タカナシ乳業の有機牛乳開発以前は乳業メーカーの有機認証取得の取組みはまったく見られなかったことから、日本でも乳業メーカーがこのような状況のなかで初の有機認証を取得したことは極めて画期的であり、酪農家と乳業メーカーのパートナーシップ事業による有機牛乳アグリフードシステムの先駆的開発とみることができる。

このタカナシ有機牛乳は、二〇〇mℓ二〇〇円で販売されており、販売量が消費者需要に追いつかないほど人気がある。これは、日本においても慣行牛乳の二～三倍の価格の有機牛乳を購入する消費者層が存在しており、有機酪農を支えるだけの有機マーケットが確実に誕生しつつあることの証左である。本稿では、新しい有機牛乳アグリフードシステム開発の実態について確認しておきたい。

1　経営の概況

大地牧場の乳牛飼養頭数は、育成牛八〇頭、搾乳牛一〇〇頭、乾乳牛一五頭である。牛舎に隣接して草地三〇haを持ち、そこでオーチャードグラス、ケンタッキー、イタリアンライグラス、クローバー、アルファルファなど多品目の牧草を無農薬無化学肥料の有機農法で栽培している。首都圏では数少ない土地利用型酪農経営であろう。畜舎はフリーストール形式であり、牛たちは自由に飼料を摂取することができ、搾乳はミルキングパーラー方式を採用して日量二tの原乳を生産している。

2 有機酪農取組みまでの経緯

大地牧場の経営者大地洋夫氏が牧草の無農薬無化学肥料による有機栽培に切り替えたのは今から一〇年以上前の一九九二年のことであった。大地氏は転換以前も牧草栽培に農薬はまったく使用していなかったが、化学肥料は使用していた。ところが一〇年前、悪天候のためかあまりにも雑草が繁茂したため、一度農薬を散布したところ大量のミミズが死んでしまい、農薬の毒性に恐怖心を持った。そのときから大地氏は「農薬はダメだ。たとえ牧草の収量が減少してもかまわない」と思い、農薬とともに化学肥料の使用もいっさいやめ、有機栽培に転換したのである。

このような牧草の栽培方法を千葉県鴨川で自然王国を主催していた故藤本敏夫氏が知り、訪れてきた。そのとき、有機酪農という道があることを知り、ともに大地氏の牛乳を原料に有機牛乳使用ヨーグルトとして商品開発し、販売することとなったのである。開発当初は好調に販売量が伸びたが、ヨーグルトに使用した発酵菌が納豆菌であったため、ある時期からうまく固まらなくなり、有機ヨーグルトの販売はその時点で終了してしまった。しかし大地氏は牧草の有機栽培を中断することなく、生

有機牛乳認証の仕組み

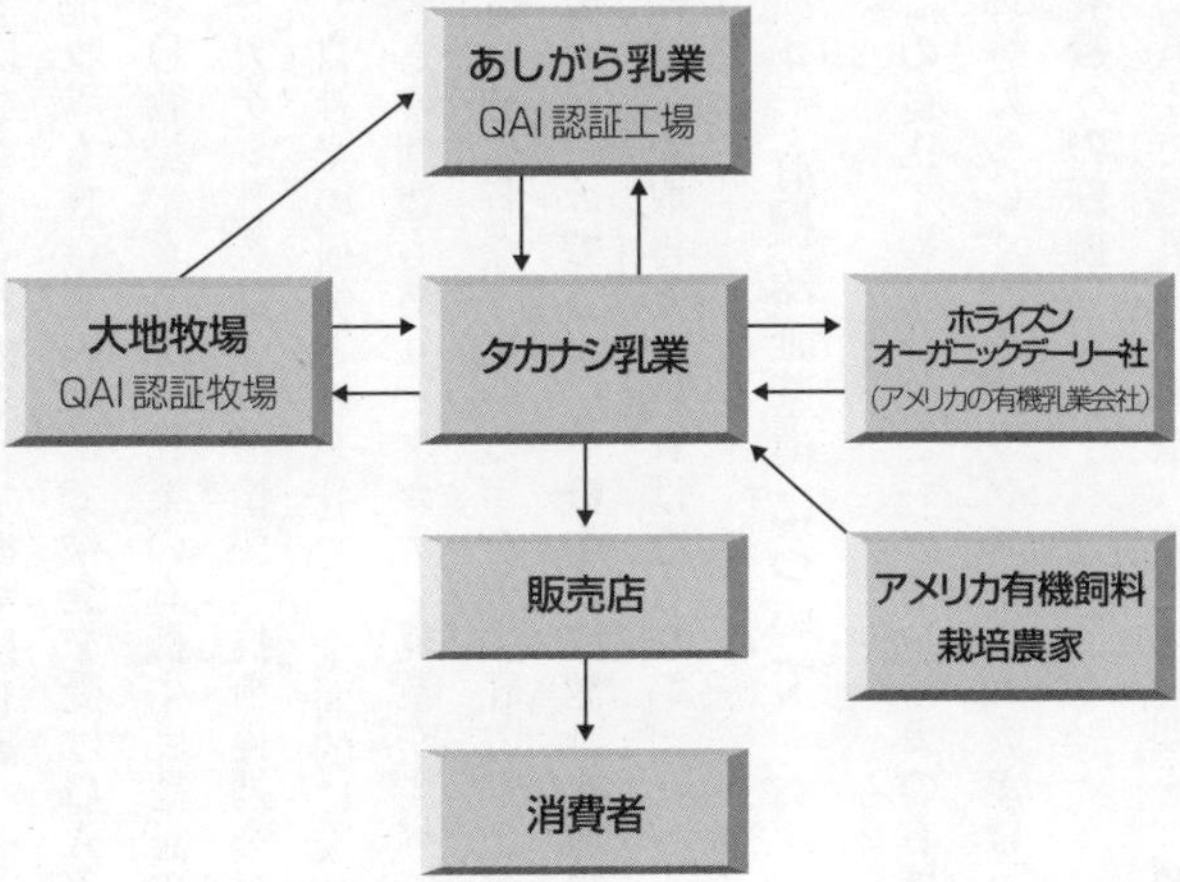

注）タカナシ乳業資料より作成

乳は有機ではない通常のルートで販売していた。

この大地氏の実践をいくつかの乳業会社がキャッチし、接触してきた。大地氏はそのうちの一社であったタカナシ乳業の完全有機牛乳の開発に共鳴するところがあり、有機牛乳開発への挑戦を始めたのである。

3　有機牛乳認証システム

早速、大地氏はタカナシ乳業との提携によりアメリカの認証会社ＱＡＩ（Quality Insurance International）の認証を受けるための準備を始めた。認証業務、認証費用等、認証に係るいっさいの費用はタカナシ乳業が負担したため、大地牧場はＱＡＩの認証基準に沿った有機酪農経営に転換する技術面に専念することができた。その結果、早くも転換一年半後の二〇〇〇年にはＱＡＩの認証を受け、有機牛乳として出荷できる運びとなったのである。この認証を受けた後に、アメリカでは全米統一有機基準NOP（National Organic Program）が発表され、その後施行されたため、現在ではQAIも有機牛乳基準をはじめ、すべての基準はこのアメリカ統一基準に沿った内容となり、大地牧場もNOPの基準で検査を受けQAIから認証を取得している。

大地牧場―タカナシ乳業の有機牛乳認証の仕組みは図のようにまとめることができる。

タカナシ乳業は、有機情報・技術提携をアメリカのホライズンオーガニックデーリー社と結んでおり、自社での研究とあわせて、全面的に大地牧場に技術協力を行なってきた。そのため認証業務は、コストの問題もあり、タカナシ乳業がすべて担当している。輸入有機飼料の確保についてもタカナシが全面的に行なっている。有機牛乳の加工生産を行なうあしがら乳業もQAIの認証を取得している。牧場飼料だけでなく、有機牛乳の認証を取得するためにはメーカー、プラント、輸送、すべての関係者が認証を取得しなければならない。

4　有機認証基準について

このQAIやNOPというアメリカの有機認証基準は、基本的に有機への転換、乳牛の栄養、飼養管理等についてコーデックス基準と大差はない。

有機への転換

QAIでは乳牛の有機への転換期間を、植物性産品の基準とは異なり、一年間と定めていた。乳牛に与える飼料については、三年間無農薬無化学肥料の有機栽培で栽培されたものが給餌されなければならない。大地牧場では一九九八年からすでに牧草を無農薬無化学肥料で栽培しており、大地牧場で生産された牧草については問題なく有機と認証された。不足を補う購入飼料はタカナシ乳業が全面的に責任を持って輸入することとなったため、転換に要した期間は、検査員がアメリカから来て認証業務等をこなし、QAIより認証される期間を含めて、すでに述べたようにわずか一年半であった。

草地と飼料について

QAIの基準では、当然のことながら、有機飼料を一〇〇%給餌しなければならない。大規模な草地を持つ大地牧場ではもともと粗飼料率が高く、七〇%を自給粗飼料として与えることが可能であった。濃厚飼料であるトウモロコシ、大豆粕は通常の輸入飼料を使用していたため、アメリカの認証済みの有機飼料を輸入することとなった。不足する乾草についてもルーサン、オーヘイを輸入し、それらを自家配合している。輸入有機飼料は大地氏が考えていたより大変質がよく、転換以前は乳量が減少するのではないかと心配していたが、転換一年目はそれほど乳量も落ちなかった。二年目になると七〇〇〇kg台に落ちたが、その後はまた八〇〇〇kg台にまで回復した。これまでの経過をふり返ると、比較的無理なく有機酪農に転換できたと大地氏は考えている。大地牧場は、タカナシ乳業が輸入している有機飼料を、乳価のプレミアム価格を受け取らない代わりに通常の輸入飼料とほぼ同じ水準の価格で購入するという契約を結んでいる。乳価のプレミアム価格より、有機飼料の輸入に関するコストとリスクの回避を選択したのである。

しかし大地氏は現状の飼料自給率で満足しているわけではなく、所有する林地の草地開拓や転作田の借入によって積極的に草地面積を増加させ、飼料自給率を上昇させようと努力している。

飼養管理について

〈薬剤の使用について〉　ＱＡＩ、ＮＯＰ基準では抗生物質・ホルモン剤ともいっさい使用することはできない。この点に関しては、乳牛が病気にかかったときには獣医の指導のもとで抗生物質を使用できるコーデックス基準やＥＵ基準とは異なり、ＱＡＩの基準は大変厳しい。ＱＡＩ基準で乳牛に与えてもよいと認められているのはカルシウムのみなので、カルシウムだけは与えている。そのため、疾病を予防する健康管理が極めて重要な要件となり、乳牛の健康管理には細心の注意を払っている。当然、牛舎の衛生管理にも十分注意し、清潔に保つようにしている。それでも乳牛が病気にかかるときがあり、その場合は、大地牧場では有機酪農を経営的に継続していくために、病気にかかった乳牛は今のところ淘汰せざるをえない。

〈飼養密度、牧場へのアクセス〉　ＥＵ基準とは異なり、ＱＡＩ基準では飼養密度や放牧の義務付けはない。この点に関しては放牧地の限られた日本では飼料の基準よりはクリアしやすい条件である。大地牧場では畜舎から自由にアクセスできるパドックがあるため、その部分を放牧地とみなし認証を受けることができた。

〈牛舎の構造〉　フリーストール方式で乳牛がつながれることなく自由に飼料を食べられるようになっている。畜舎は広く、天井が高く、自然光や風が十分入る構造になっている。これは有機酪農に転換する以前からの構造であり、大地牧場の長年の動物の健康を重視した経営方針が現われている。

排泄物について

排泄物は堆肥舎で完熟堆肥にして草地に還元し、液体部分についても希釈して全量農地に還元しており、有機の原則となる循環型酪農を追求している。

記録の保持

有機認証を取得する場合、記録の保持は非常に重要な要件である。農地管理、乳牛管理（飼料給餌・時間、量）、ミルキングパーラーの清掃等、作業のすべてにわたって詳細に記録を残し、トレーサビリティの確保を行ない、検査のときに提出しチェックを受ける。有機認証はこの記録によるトレーサビリティが保障されたシステムであるといえる。大地牧場の記帳方法は有機転換時から本格的に開始され、その後も常に改良を重ねてきており、よりシスティマティックにかつ作業担当者が短時間に記入できるものとなっている。

5　有機牛乳の製造・販売について

有機牛乳アグリフードチェーンは、生産―加工―流通―販売のチェーンが連続することで初めて、そのメリットが実現されるものである。大地牧場で生産された有機牛乳は、二日に一回専用のタンクローリーで全量集乳され、神奈川県にある認証を受けたあしがら乳業に運搬されて一三〇℃二秒殺菌で加工製品化され、首都圏の高級スーパー、デパート、一部のコンビニで一ℓ入り三八〇円、二〇〇mℓビン入り一四〇円で販売されている。宅配ではビンの回収が可能なため二〇〇mℓビン当たり一二〇円と二〇円安くなっている。消費者の有機牛乳への評判は大変よく、タカナシ乳業とすれば、大地牧場以外からも有機原乳を入手していっそうの生産拡大を目指したいが、その現実は難しい。

6　有機酪農の今後の課題

以上、日本で初めての認証を取得した有機牛乳の開発状況を見てきた。日本で有機認証を取得することは画期的であるといえるが、今後、大地牧場と日本の有機牛乳が定着し、さらに発展してゆくためにはいくつかの課題も残されている。そこで、大地牧場の有機酪農の到達点と課題がどこにあるのかについて確認しておきたい。

泌乳量と乳牛の品種について

大地牧場は、父親の代から優秀な高泌乳牛の導入に努めてきた。そのため泌乳量一万kg以上の高泌乳牛が主である。有機に転換したことで一時的に乳量が七〇〇〇kgに低下したが、現在では八〇〇〇kg台にまで回復している。しかし、高乳量を維持するため乳牛は従来型の酪農のように約二、三年で更新されている。ヨーロッパの有機酪農では乳牛はその数倍の年数飼養することが普通であり、アニマルウェルフェアの観点から、泌乳量と更新年の見直しが必要ではないだろうか。日本でも有機酪農に近い山地酪農の生産者の場合、泌乳量は慣行酪農の二分の一以下ながら、乳牛は一〇年以上、なかには二〇年近く生きながらえ搾乳され、その生命を全うしている。本来の意味で有機酪農に適した品種の選択育種が今後重要になっていくだろう。

放牧について

アメリカの基準では放牧は重要な条件ではないが、ＥＵでは乳牛のアニマルウェルフェアの観点からしても放牧が当然とされている。また、コーデックスガイドラインでは人工授精は認められているが、ＥＵでは放牧による自然交配、分娩が主である。この点についても大地牧場が今後どう対応していくかが課題である。最近、大地牧場では競売された八〇haのゴルフ場を購入しており、そこでは放牧を主体とした新しい経営方式を思考中という。現在大地氏は有機生乳生産者にとどまっており、加工製品化はタカナシと分業形態をとっている。近い将来、大地牧場自らがチーズ、アイスクリームやヨーグルトなどを加工製品化し、直売することも考えられる。八〇haの土地はその意味からも重要で、今後の展開が期待される。

飼料自給率について

集約的畜産が行なわれてきた日本では、有機畜産の研究はまったく行なわれていないというに等しい。こうしたなかで大地牧場は、日本の中で首都圏、とくに千葉県に立地しながらも、飼料の七〇％は自給可能である好条件をもともと備えた牧場であるとみることができるが、それでも、誰も取得していなかった有機認証をタカナシ乳業と協同で得るために、いくつもの困難なハードルを越えてきたことは、想像に難くない。

7　タカナシ乳業の課題

以下の課題は、大地牧場の課題というより、むしろタカナシ乳業の課題と考えられるが、要約的にあげてみよう。

第一にプレミアム価格の問題である。現在は通常飼料の三倍程度になると考えられる輸入有機飼料の購入価格をタカナシが大地に対して通常の飼料価格で販売することで乳価のプレミアムを相殺し、大地がプレミアム価格を受け取っていない点である。今後、大地とタカナシが有機牛乳の生産販売を継続していく上でどのような契約が双方にとって最も望ましいのか、再検討する必要があるだろう。

第二は有機生乳の集乳の問題である。現状では加工工場が神奈川県にあるため、集乳した有機生乳を千葉房総から東京湾を横断し神奈川県足柄市にまで運搬しなければならない。集乳コストがかかるため、二日に一回しか集乳できず、当然のことながらそのコストは販売価格に転嫁される。ヨーロッパでは有機牛乳であっても慣行牛乳の一・一倍から一・五倍程度にとどまっている。

第三には集乳と関連して生乳の殺菌温度の問題がある。現在、有機牛乳は一三〇℃の超高温殺菌で加熱処理され、販売されている。有機牛乳を超高温殺菌で処理するのは、原乳のよさを十分生かしているとはいえないと考えられる。タカナシサイドとしても、大地牧場周辺にもう一戸有機酪農家が存在すれば、千葉県内で低温殺菌加工することが可能だという。

いずれにしろ有機生乳のよさを最大限発揮できる集乳方法と殺菌温度を実現するためには、有機酪農の実践者を一人でも多く増やすことが必要である。

8　新しい有機牛乳アグリフードチェーン拡大の可能性

今後、有機酪農をより多くの生産者が実践できるようになるためには、大地牧場の事例を客観的に分析研究し、普遍化していくことが重要であり、客観的な有機酪農の生産・経営方式の研究開発が急務である。具体的には、草地の輪作体系や畜舎構造を研究し、さらに地域の遊休耕地の利用等によって集約的畜産から日本で実現可能な土地利用型畜産への転換を図っていく必要がある。

千葉は、本州では有数の酪農地帯であるが、大地牧場以外に有機酪農の実践は見られない。この乳業メーカーとの提携による新しい有機牛乳アグリフードチェーンが継続拡大していくためには、今後地域で新しい有機酪農生産者が出現することが望まれ、さらに大地牧場と新しい生産者とのネットワークづくりが期待される。

6 首都圏生協との提携によるHACCP牛乳への道

＜千葉・北部酪農協の天然牛乳運動＞

1 国際基準を求められる日本の有機畜産

日本有機農業研究会が誕生した一九七一年を有機農業元年とすると、日本の有機農業の運動はすでに四半世紀を超え三〇年近い歳月を重ねたことになる。国内ではいくつかの段階を経て、農林水産省の有機農産物等に係る青果物特別表示ガイドラインが制定され、その後の改正によって有機農産物と特別栽培農産物との区別が明らかとなり、かつ米も加えられた。

また、コーデックスガイドラインにあわせて、新JAS法も国会を通過し、耕種部門については国際基準に沿った基準が整備されつつある。しかし一方、畜産部門の基準づくりは、まだ検討の途上にあるというのが実状であろう。

一九九九年七月コーデックス総会において、野菜や穀物については、国際規格が採択されたが、畜産部門においては、過去、各国の足並みが揃わず、国際規格づくりの作業には至らなかった。しかし、このコーデックスでステップ6にすすんだことは一定の前進であったとみることができる。今後畜産部門の国際規格づくりがステップ6から7、そして8へ前進することを考えると、畜産の歴史の長い欧米諸国に比較して、畜産飼料の自給率が極めて低い日本は、かなり厳しい立場に立っているといえるだろう。なお、参考までにコーデックス規格作成の手続きを紹介する。

step1　食品規格委員会が規格作成を決定
step2　事務局が規格原案を作成
step3　規格原案について各国のコメントを求める
step4　規格部会が規格案を検討
step5　食品規格委員会が規格案を検討
step6　規格案について各国のコメントを求める
step7　規格部会が規格案を検討
step8　食品規格委員会が規格案を検討し、コーデックス規格として採択

一九九九年コーデックス委員会がステップ6にすすんだことから、日本でもいよいよ本格的に有機畜産の検討に入ることが緊急課題となろう。

2　有機農業の出発点

制度的には野菜や穀類の制度化が畜産物より先行しているが、有機農業運動の歴史を振り返ってみると、安全な牛乳や鶏卵を求めるところから産消提携の歴史をスタートさせた消費者グループや生協も少なからずある。とくに産消提携のグループは、家庭の主婦が子どもたちに安全でかつ良質のタン

パク質を与えたいという思いで始まったところが多かった。身近でかつ簡便な食材として、牛乳や鶏卵を求めたのである。また、牛乳や鶏卵が、消費者グループへの新規加入者、賛同者を集める有効な食材であったことも間違いない。

現在でも、鶏卵と並んで牛乳には、手軽に良質のタンパク質を摂取できる食品としてさまざまな期待が寄せられている。例えば、これから論じようとする有機牛乳に至る流れの、成分無調整や低温殺菌の牛乳は、その安全面から産消提携グループに選好されていた。また、有機農産物の流通事業体や自然食品店などの特別なルートだけではなく一般のスーパー等でも販売されるようになった。

しかし一方では、「天然牛乳を飲む運動」を含む有機農業運動の成果として減りつつあった加工乳が、消費者の健康志向を背景にして、低脂肪乳やCa等の特定の栄養成分を添加した「健康に良い加工乳」としてスーパーの店頭においても増加しつつある。表示の面からは「牛乳」と「加工乳」「乳飲料」の三つの表示しかない牛乳も、先に述べた内容を表わすようなさまざまなプライベートブランドや表示のもとに販売されている。こうした状況は、消費者に正しい畜産の概念を提供しているとはいえず、日本の有機畜産を推進する上で好ましい展開ではないと考える。

日本においては、国際基準にあてはまるような耕種部門の有機農産物は〇・二%ぐらいだろうと推計される[1]。畜産物に至ってはほとんどないというに等しい。しかしながら、過去の有機農業運動の過程で、安全な畜産物を生産しようと努力している生産者や生産者団体、そしてそれを支えている消費者グループも多い。例えば、消費者サイドから見れば「天然牛乳を飲む運動」や「四つ葉牛乳を飲む会」、生産者サイドから見れば千葉北部酪農や島根県の木次乳業、大分県下郷農協や山口県秋川牧園、また山形県の米沢郷牧場など、地域循環システムを考えた安全な牛乳や畜産の生産・消費を目指す団体が少なからず存在する。欧米では、すでに有機畜産のガイドラインがステップ6にすすみ、EUでも有機農業規則に有機畜産規則を付け加えた。畜産をめぐる有機規則が急速にすすみつつある。

日本において、有機畜産基準を策定することの是非については議論の余地のあるところだが、国際社会の中においては何らかの基準を策定することが求められている。このような国際的な流れを見ていくと、これまで安全・安心を求めてきた日本の有機畜産運動が、その求める到達点に向かってどの位置まできているのかを確認しておくことは無駄ではない。

有機畜産をすすめることは、地域の循環システムを確立することや堆肥を安定的に供給していくことを考える上で重要な意味を持っている。また、アニマルウェルフェアの観点からも有機畜産をすすめることは、今後さらに要求されてこよう。さらに環境保全面を考えれば、国内の畜産農家が有機に転換していくことは、今後多方面から要請されるであろう。

そこで、千葉県北部酪農協（以下、北酪と略す）とその労働組合、そして消費者団体で始まった「天然牛乳運動」について、とくに東都生協との産直の歴史から、日本のオーガニックミルクの到達点と課題について検討する。

3　天然牛乳運動

天然牛乳を守る会誕生

北酪と消費者団体で結成された「天然牛乳を守る会」(以下、「守る会」と略す)は、一九六八年に発足した。すでに一九六八年以前に天然牛乳を飲む会や天然牛乳を安く飲む会という名称で北酪の天然八千代牛乳を飲む会が存在していた。

なぜ天然牛乳と、本来天然であるはずの牛乳に「天然」という言葉がつくのか。運動が始まった当初は、高度成長のまっただ中で、大手乳業メーカーの牛乳の中には脱脂粉乳やヤシ油が混入してあるものなどが平然と販売されていた。いわゆる「うそつき牛乳」問題である。そうした状況に危機感を抱いた酪農家と消費者団体とが、安心して飲める本物の牛乳を守り普及させる運動が各地で始まったが、その一つが「天然牛乳運動」である。

若干長くなるが、「守る会」の趣旨を「守る会」の会則前文から引用しておく(2)。

「昨今、わが国の乳業界は、飲用牛乳の分野において、還元牛乳に依存する傾向にあるが、このことは

1、わが国の酪農家の汗の結晶である牛乳の販路を狭め、その価格を不当に安くさせる原因となり、ひいては日本の酪農を衰亡させる結果となる。

2、日本の酪農が衰亡すれば、天然の牛乳を飲みたいという消費者の素朴且つ基本的な要求が満た

されず、国民の健康に重大な影響を与え、すでに重要な食糧となった牛乳の国内自給を危うくし、独立国としての基本的要件の一つが失われるなど、黙視することのできない重要な問題である。

このような乳業界の不正常な姿勢の背後にあるものは総合農政の名のもとに、日本の農業を破壊し、農民から土地を取り上げ、その労働力を工業に転用、吸収しようとする政策であり、また、乳製品を輸入することによって、見返りに工業製品の輸出市場を確保するなど、日本全体の高度工業化を推進する政策である。

多数の人々の幸せよりも経済を優先させる高度工業化政策の矛盾は、すでにわれわれの生活をむしばんでいる。

われわれは農民と消費者双方の基本的人権を守る運動を、まず牛乳の分野で実践するために天然牛乳を守る運動を展開し、さらに一段と発展させるために、この運動に参加している消費者と生産者、並びにこの運動を理解する積極的な協力者をもって『天然牛乳を守る会』を結成し、その会則を明確にして、この会の組織強化と拡大を図り、更に、天然牛乳を守る運動を飛躍的に発展させ、住みよい社会の建設に寄与せんとするものである。」

また会の活動は、同会会則の「第１章　総則」の第５条（活動）で次のように定められている。
１、天然牛乳についての宣伝啓蒙と、これを普及する活動
２、天然牛乳を生産する酪農団体の発展を促進する活動
３、会の趣旨に賛同する団体、または、個人を会に組織する活動

天然牛乳を守る会の歴史

1951年	千葉北部酪農協同組合誕生
1964年	ビンのキャップに「天然」と表示
1967年	世田谷に天然牛乳を安く飲む会（現東都生協）発足
	足立天然牛乳を飲む会発足（現足立生協）
1968年	天然牛乳を守る会発足
1969年	文京新婦人天然牛乳を守る会発足
1970年	機関誌「天然牛乳」第1号発行
1973年	東都生協発足（天然牛乳を安く飲む会が母体）
1976年	東葛市民生協の扱い開始
1977年	足立生協発足（足立天然牛乳を飲む会が母体）
1979年	第1回牛乳まつり開催
1988年	乳質千葉県下1位（以後6年連続1位）
1994年	PHFコーンの導入
	牛乳の事故発生
1998年	HACCP工場の認定取得

4、酪農経営の確立、ならびに、酪農振興のための諸要求を実現する活動

5、牛乳の独占的価格の設定をおさえ、また、流通を改善するための助成策を求めるなど、消費者運動の諸要求を実現する活動

6、天然牛乳を守る運動を通じて諸般の消費者運動に寄与する活動

7、その他必要な活動

こうした活動原則を持つ守る会の歴史を、活動母体となった生産者団体北酪の誕生に遡って簡単に振り返ったみたい。

天然牛乳を守る会の歴史

上記の、一九五一年以降に展開された天然牛乳運動の歴史を見ると、この運動は、消費者が北酪の生産する低温殺菌牛乳と出会ったことから誕生したことがわかる。北酪が生産する牛乳は天然八千代牛乳というブランド名で販売されている。また、各地域の天然牛乳を飲む会がそれぞれ会員数を増加させ、東都生協や足立生協のように生協へと組織を改編していったことも明らかである。一方、東葛生

協や千葉コープのように生協が誕生してから参加したところもある。

いずれにしても、北酪の供給する牛乳は順調に組合員や消費者に販売されてきた。三〇年の長い年月、八千代天然牛乳が消費者から支持されてきた背景には、北酪がよりよい牛乳を生産して消費者に届けようとする酪農組合設立以来の精神を時代変化のなかで矜持し続けてきたからだと考えられる。

同組合は基本的な八千代牛乳の品質に関する基本方針を以下のように定めている(3)。
1、北酪から生まれる製品は、生産者と消費者の暮らしを豊かにします。
2、北酪から生まれる製品は、北酪の組合員が最高の飼育環境で生産した牛乳・牛肉から作られます。
3、北酪から生まれる製品は、食品衛生法を遵守し、北酪の職員が最高水準の技術で製造します。
こうした高品質への取組みは、乳質の管理、殺菌温度、飼料の問題、工場の管理等に表われている。

4　HACCPへの道

乳質の管理

天然牛乳を飲む会は発足した一九六八年から、通常総会で日本一の乳質の牛乳を目指すことを決議している。これは、北酪誕生以来の生乳の殺菌温度と決して無関係ではない。殺菌温度は設立以来、六二℃三〇分、八五℃二〇秒、七八℃二〇秒、七五℃一五秒とパスチャライズで生産していることがわかる。

パスミルクを生産できるためには、健康な牛であることが前提条件となる。一九五五年の牛乳処理工場建設操業以来、北酪では生乳の風味、特性を生かすことが重要だと考え、一貫してパスチャライズ牛乳を生産してきた。パスチャライズ牛乳は、乳質においてもより厳しい基準が求められる。一九九八年の一mℓ当たりの生菌数でみても、年間を通して一万個以下になっており、千葉県平均よりもかなり少なく、県下でもトップレベルであった。このことは、千葉県下で六年連続「乳質県下一位」を受賞しており、生産者による乳牛の健康管理が行き届いている結果である。こうした努力が、一貫してパス牛乳を生産する基盤となっている。

飼料の問題

一九九〇年ころからにわかにポストハーベスト農薬の問題がクローズアップされてきたことは周知のとおりである。食の安全を追求する消費者団体の間から、畜産飼料にポストハーベスト農薬のかかったコーンを輸入することへの危機感が高まり、ポストハーベストフリー（以下ＰＨＦと記す）コーンの導入が検討され始めた。

生活クラブ生協や東都生協などと産直を行なっている生産者団体も一緒になって全農と交渉し、一九九四年よりＰＨＦコーンへの転換・導入が始まった。ＰＨＦコーンへの転換・導入は、アメリカの生産者を指定し、分別収穫、分別貯蔵、分別輸送することで可能となる。つまり、収穫も貯蔵も輸送ルートもすべて、ポストハーベスト農薬のかかった一般のコーンと分別して行なうのである。

現在、ＰＨＦコーンは日本の輸入飼料コーン全体の〇・四％程度にすぎないが、今後ＰＨＦコーンの輸入を増やしていくことは「安全な畜産」への必須条件となろう。さらにこのＰＨＦコーンの輸入のシステムやノウハウが、非遺伝子組換え農産物（以下ＧＭＦと記す）の輸入体制につながっていくのである。北酪のＰＨＦコーンは同時にＧＭＦでもある。

このＰＨＦコーンの輸入は、コスト面でも思わぬ成果を上げることができた。それは、ＰＨＦコーンそのものの単価は通常のコーンに比較して高いが、ＰＨＦを導入した生産者団体の共同購入になったことから、反対に飼料単価は下がったのである。要するにコスト削減につながったのである。一方、ＧＭＦコーンそのものは、通常のコーンよりｔ当たり三五〇〇円高値である。北酪の配合飼料には四四％のコーンが含まれていることから単純に計算すると、ｔ当たり一五四〇円上がり、生乳一kg当たり〇・四三一円の上昇になるが、ＰＨＦコーンのコスト削減等と抱き合わせる形で牛乳の販売価格には転嫁していない。

事故・問題等の発生

「天然牛乳運動」は順調にすすんでいるかのようであったが、一九九四年から一九九五年にかけて加熱処理保存問題や乳脂肪調整の仕様違反問題、そして風味異常事故や水分混入事故等が相次いで発生した。この事故の背景には、北酪自身の組織や工場の管理体制の問題があり、仕様違反問題については、北酪の問題ではあるものの需給調整問題を「守る会」として十分取り組んでこなかったこと、生産者と消費者が本音で話し合ってこなかったことなどがあった。

ここから、事故や仕様違反問題を反省し、北酪側は信頼回復に全力を尽くすとし、東都生協等守る会も組合員に酪農家と酪農工場の抱える問題点に正面から取り組み、会員への理解を求める学習広報活動を強めるとしている。一方、事故の点に関しては、工場の老朽化や管理体制の不備等から新たなる管理体制が求められていることが北酪や「守る会」の共通認識となった。

HACCP工場認定へ

牛乳に限らず畜産部門では、O-157やサルモネラ菌による食中毒を防ぐためにHACCP（危害分析重要管理点）の導入が課題となっている。北酪でも、先の事件を契機としてHACCPの導入が本格的に検討され始めた。

HACCP方式は、一九六〇年代の米国で宇宙食の安全性を高度に保証するシステムとして考案された手法である。発生する可能性のある危害をあらかじめリストアップし、とくに重点的に管理すべき点についてその制御水準を設定して監視し、その結果を記録することで危害の発生を未然に防止しようとする方式である。製造工程の監視を行なうことから、危害発生の防止に有効であるとしている。

一九九三年コーデックス委員会（WHO／FAO合同食品規格委員会）の食品衛生部会で「HACCP方式とその適用に関するガイドライン」が採択され、各国にその採用が推奨されている。このガイドラインではHACCP7原則12手順(4)が定められている(5)。

北酪では事故の後、深い反省から組織も新体制となり、牛乳の品質改善、向上に前向きに取り組んだ。外部研究者を入れた組合員農場への経営構造分析と衛生管理についての調査委員会を設立し、個別農場ごとの評価を行ない、「農場HACCP」を目指す取組みをすすめている。並行して、食品コンサルタントと契約し、その指導による品質向上運動を全社的にスタートさせ、GMP（適正管理基準）による品質向上のための組織づくりを開始した。毎月一回勉強会をもち、同時に行政指導も受けながら、工場へのHACCP導入をすすめていった。設備投資にも約一億五〇〇〇万円かけた。その結果、一九九八年九月三十日にHACCPの認定工場に認定された。

設備を改善したことで、新たなるメリットが誕生した。八千代牛乳の賞味期限がそれまでの六日間から八日間へと二日間のび、一般の高温殺菌の牛乳と同じ賞味期限になったのである。このことは、マーケティング上大変有効であり、他のパスチャライズ牛乳を生産している団体にとっても学ぶべきところが多いと思われる。

5　今後の課題

日本の畜産は輸入飼料に頼って拡大してきた。その事実は北酪においても同じである。しかし北酪では、できるだけ自給粗飼料を給餌し、輸入飼料もできるだけ安全なものを導入しようと努めてきた。このことは、日本の有機畜産運動の発展を考えるとき、記録に残しておくべき実践であるといえよう。

一方で、自給粗飼料と乳脂肪の関係をめぐる議論が起こっている。有機畜産の今後の課題として、この問題をネグレクトすることはできない。すなわち、自給粗飼料を多くすると夏場に乳脂肪率が下がるという問題である。守る会ではこれまで乳脂肪率三・五％以上を基準としてきた。乳脂肪率三・

五％を年間通して維持するためにはコーンなどの濃厚飼料を与えなければならず、この濃厚飼料を与えるとさらに自給飼料率が下がる問題が発生してきている。しかし過度に濃厚飼料を与えることは乳牛の健康には好ましくない。この点に関していえば、これからの時代は、すべての消費者がいつも高い乳脂肪率を求めているわけではなく、むしろローファットで質のいい牛乳を選好する傾向がみられるので、天然牛乳の名にふさわしいアニマルヘルスの観点に立った乳質基準を再検討する必要があるだろう。

商品としての有機牛乳の生産は可能かという視点からみれば、答えは「イエス」である。ＰＨＦコーンの導入によって得られたシステムやノウハウを駆使することで、ＧＭＦ飼料も導入できた。さらに有機農場で生産される厳格な基準に適合する有機飼料へ転換、導入することも、決して不可能ではない。しかしながら、仮に有機飼料を導入した場合、そのコストはＰＨＦやＧＭＦコーンとは比較にならないくらい上昇する。そのコストを現在の守る会のすべての消費者が負担できるかどうかは疑問である。

有機は本来、地域循環システムの中に位置づけられるものでなくてはならない。この視点に立つと、今の日本の畜産はあまりにもその生産基盤を海外に依存している。畜産政策そのもののあり方を再考しないと、本来の意味で有機畜産、有機牛乳の成功はありえない。

また、ＩＦＯＡＭの基準に見られるような、「すべての家畜に対して、彼らの生来の行動様式に配慮した生育条件を与える」動物の健康と福祉の視点に立てば、日本の畜産はまだまだ変わらなくてはならない。

以上のような課題はあるものの、安全かつ安心できる畜産物の生産と地域循環型の畜産を再構築するために、天然牛乳運動のさらなる発展が期待される。

（1）「有機農産物の市場規模の推計」（社）食品需給研究センター

（2）天然牛乳を守る会編「天然牛乳運動30年の歩み」一九九八年

（3）千葉北部酪農協同組合パンフレット「天然八千代牛乳は4つのこだわりをお届けします」

（4）HACCP7原則12手順（コーデックスガイドライン）は次のとおり。①HACCP専門家チームの編成、②製品の名称、原材料等を記載した製品説明書の作成、③意図する用途・対象消費者の確認、④製造工程図、施設構造や機械器具の配置等の図面等のフローダイヤグラムの作成、⑤現場での④の確認、⑥危害分析の実施（原則1）、⑦重要管理点（CCP）の設定（原則2）、⑧管理基準の設定（原則3）、⑨モニタリング方法の設定（原則4）、⑩改善措置の設定（原則5）、⑪検証方法の設定（原則6）、⑫手続きと記録に関する文書の作成（原則7）。

（5）植木隆「食品の安全・品質管理とHACCP方式について」『農業と経済』一九九七年十一月号

7 日本短角牛の復権など THAT'S国産運動の先駆

＜東京・大地を守る会＞

大地を守る会は一九七五年に設立され、今年で二八年目を迎えます。現在は首都圏に約六万四〇〇〇世帯の消費者会員と、畜産農家を含めて約二五〇〇名の生産者会員（団体を含む）とで構成され、有機農業を軸に生産と消費をつなぐ諸活動をすすめています。事業的には流通部門（「株式会社大地」）を法人化させ、「安全な農畜水産物の安定供給」を目指してきました。

1 生産者との顔の見える関係を貫く「畜産物の取扱い基準」

私たちが安全な食べ物を流通させるとき、そのキーワードはつねに「生産者との顔の見える関係を築くこと」でした。畜産部門でも、このことは変わらず、「有機農業にとって畜産は土づくりの大切な協力者」という観点から畜産物流通に取り組んできました。では、どのような「こだわり」の視点をもってきたか。まずは「畜産物の取扱い基準」の骨子をご紹介します。

①生産者と家畜の特定をする。

・繁殖から肥育までの全過程において、生産者と家畜個体の履歴が明確なものを取り扱う。

②飼料の安全性を追求する。

・抗菌性物質の飼料添加をしない。または、最小限度にとどめる。
・PHF（ポストハーベストフリー）と非遺伝子組換え飼料を極力利用する。
③化学合成薬品の使用が極力ない飼養条件とする。
・ワクチン接種は認めるが、原則としては病気治療関係（抗菌性物質を含む）にのみ使用する。
④糞尿処理に関連する環境負荷の極力ない飼養条件を整える。
⑤国産穀物自給率を高めていく計画の保持と実践を行なう。
以上が取扱い基準の骨子です。次に、これらの諸点を踏まえた具体的実践例を取扱い畜種ごとにご紹介します。

2　日本短角牛の取組み

一九八一年から岩手県九戸郡山形村と短角牛の取組みを続けてきました。翌八二年から山形村での消費者交流も始まり、昨年で連続二一回の産地交流会を開催するに至ります。

現在、山形村からは年間で四五〇頭ほどの短角牛をいただいており、大地を守る会（以下「大地」と略称）の消費者会員には「大地の牛肉は、山形村の短角牛」という認識がしっかりと根づいています。

山形村では繁殖専門農家六四戸、肥育専門農家一〇戸、一貫農家（繁殖と肥育をする）七戸の短角牛生産体制をしき、「まき牛繁殖での自然交配」「夏山冬里方式での自然放牧」「粗飼料多給」という、もともと短角牛の持っている飼養管理の特徴に加えて、大地が取り組んできた国産飼料自給率アップを目指した「THAT'S国産運動」を畜産部門で現実化するために、九七年から国産穀物飼料一〇〇％で出荷まで育てる「THAT'S国産短角牛」生産に農家四軒で取り組みました。デントコーンサイレージ・乾牧草等に加え、国産穀物飼料として米・小麦・大麦・大豆等を地元農家から、大地の取引先であった岩手県内の製粉業者から国産フスマ（小麦の皮）を調達しました。さらに、九八年には肥育期間中に二回目の放牧（六月から十月）肥育をする＝二シーズン放牧肥育（四七頭・雌）に取り組み、九九年の二度目の二シーズン放牧肥育（五〇頭・雌）からは、放牧後の肥育飼料に国産の大麦・フスマ・大豆を混合した国産穀物飼料（仕入先の証明書付き）を開発しました。その後、二〇〇〇年より販売頭数を考慮して生産農家五戸三〇頭の取引頭数にしぼり込み、毎年五月から七月までの三回に分けて販売しています。これは、国産穀物一〇〇％の「THAT'S国産短角牛」として販売し、飼料自給率の高さ、飼料内容の安全性を消費者会員にアピールできる重要な販売品目となっています。

また、九九年八月には、それまで各生産農家で違っていた肥育牛の飼料統一（飼料名は「大地72スペシャル」。TDN＝可消化養分総量が七二％の飼料設計）をし、その指定配合飼料にはPHF／非遺伝子組換えトウモロコシを導入しました。これは岩手県下の肉牛では初めての導入でした。ただし、この飼料変更には課題が残りました。つまり、遺伝子組換えの対象穀物である大豆油粕とナタネ油粕が飼料手配とコストアップの関係で飼料配合されないままでした。しかし、〇二年十二月より大豆油粕を非遺伝子組換えのものにし、ナタネ油粕を排除して完全な非遺伝子組換え指定配合飼料を完成させたのです。飼料名は「IP大地72スペシャル」（TDNは以前と同様の七二％で飼料設計）。飼料名からして大地と山形村との深い関係性を表わしているものとなりました。現在はこの指定配合飼料を育成・肥育段階で給与しています。

生産者の飼養管理は、次のように実施しています。現状の山形村での短角牛の生産体制は前述のとおり、繁殖専門農家＝生産部会と肥育専門農家・一貫農家＝肥育部会の二部会制となっています。繁殖専門農家での飼養管理は肥育農家・一貫農家に渡される生後約一一か月までに、母牛の母乳とフスマ、牧草、IP大地72スペシャル（一部の子牛に給与）で育ちます。六四戸と繁殖専門農家は多いので、飼料購入履歴で大地指定の飼料を給与しているかどうか確認しています。課題としては、給与フスマの国産化を生産部会役員会を通じてすすめてきましたが、まだ一

大地を守る会・山形村ツアー，会員さんとの交流風景

放牧風景

部の農家ではコストの関係上外国産フスマを給与していることです。この変更を〇五年までには完成させるように目標設定しています。肥育部会の生産農家では農家ごとに「生産者データ」を作成しています（別表参照）。一貫農家では繁殖牛から肥育牛までの生産過程を、肥育専門農家では肥育過程を各農家に記入してもらい、毎年六月ころに各農家を回りながら飼養管理の変更点等の確認作業を積み重ねています。さらに、〇三年からは岩手県がＢＳＥ対策で独自に作成したＴＢＣ（トレース・ビーフ・カード）を飼養管理確認に利用しています。このＴＢＣには出荷する短角牛の一頭ごとの給与飼料履歴が記入されます。

以上の生産者の飼養管理に基づいて、生産技術の向上に努めるために年四回のペースで枝肉検討会を開催しています。大地の場合には二次整形から精肉出荷をするまでの畜産加工場を自前で持っていることで、と場で枝肉から一次整形され部位ごとに入荷されるブロック肉の整形データを確実に揃えることができます。実際に肉質や整形データは生産者ごとに違います。五年前から本格的に枝肉検討会を始めて、各生産者ごとの肉質改善の傾向と対策を毎回確認することを積み重ねて、昨年度（〇二年四月から〇三年三月まで）は短角牛では出にくいといわれる三等級の格付け牛が一六頭出荷されました。最近の二年間では、指定配合飼料のＩＰ大地72スペシャルと'THAT'S国産短角牛用に開発された国産穀物飼料との給与配合を計算し肉質改善に役立てる傾向にあり、このことが格付けの向上にもよい結果を生んでいるといえます。

また、〇一年九月に発症したＢＳＥによって一時販売量は落ちましたが、十二月には通常の販売量に戻ることができたのは、消費者会員との長年の信頼関係の結果といえるのではなかったでしょうか。

今まで述べてきました山形村での短角牛生産の取組みを受けて、消費者会員にお届けするさいには、各販売製品に添付するラベルに出荷生産者氏名を印字しています。このことは、大地が畜産加工場を自前で持っていることを最大限に生かし生産者ごとの分別流通をしていることと同時に、消費者会員にトレーサビリティを貫徹させている証明となっています。大地がうたう「安心はおいしい」の代表的商品となっているのです。これらの取組みは、生産者・農協での協力体制や消費者会員に買い支えていただくことなしには、実現できなかった試みであることはいうまでもありません。

３　豚の取組み

一一年前から宮城県登米郡、遠田郡等に点在する仙台黒豚会の養豚農家から、黒豚と黒豚系交配種豚（WB×B・LB×B・LWB×B／黒豚の血統が七五％とする）をいただいています。現在は九戸の農家とのお付き合いです。当初は中型種であり味の点で優位性があるという観点からの取扱いでしたが、九七年には飼料面での安全性を追求する視点から、育成・肥育段階からPHF／非遺伝子組換えトウモロコシ（ハイオイルコーン／通常のトウモロコシより油分が多い）を使用した指定配合飼料バーク７０Ｈ（抗菌性物質無添加）を導入しました。当時のメンバー（六戸）は全員自家配合の農家でしたので、バーク７０Ｈを主成分飼料としてその他にフスマ・小麦・大麦・大豆などを自家配合し、育

3）妊娠から分娩・離乳について

妊娠期間の飼料給与内容	**分娩前後の飼料給与内容**
出産前後、フスマを給与。	サイレージ・フスマ

生時体重		**分娩時の治療と使用目的（使用薬名）**
オス	40kg～	特に行った事はない。
メス	30kg～	

予定日を過ぎても分娩しない時の対処	**母牛が直立不能になった場合の対処**
予定日を過ぎたことがない。	これまで、なった事はない。
母牛が子牛の体をなめない時の対処	**母牛が母乳を飲ませない時の対処**
出産後、母牛の口をふいて子牛に塗る。 これまでこれでなめなかった牛はいない。	これまで飲ませない母牛はいません。
早産の時の対処	**双子が生まれた時の対処**
早産はいない。	母牛の飼料給与量をふやす。
離乳後の乳房炎対策について	
特になし。	

4）放牧前の子牛について

発育診断について	**分娩後１～２ヶ月齢の飼料給与内容（補助剤も記入）**
毎日の観察。	特に子牛には与えない。
代用乳・人工乳を与える場合	**放牧前の準備と健康管理について**
なし。	舎外での運動をさせる。

去勢の時期	**去勢方法**	**除角の時期**	**除角方法**
生後５～６ヶ月	切開	おこなわない。	

下痢対策
獣医師に治療をお願いする。

5）放牧前の子牛について

放牧中の健康管理について
ピロプラズマに注意する。
放牧中の病気対策と治療について
こまめに牧野にゆく。 重病の場合、牛舎に連れ帰り治療する。
放牧中の補助飼料について
なし。

<生産者データ>

1）生産概要　　　03年6月現在

生産者氏名（ふりがな）		**所属団体名**	
杉下　豊治（すぎした　とよはる）（40）		JAいわてくじ短角牛肥育部会	
住所	岩手県九戸郡山形村 小国9－29－2	**郵便番号**	028－8712
電話番号	0194－75－2132	**FAX**	0194－75－2132

畜産業従事者氏名、家族の場合は続柄を記入してください。			
続柄	**氏名（ふりがな）／年齢**	**続柄**	**氏名（ふりがな）／年齢**
父	種男（たねお）／74		
母	トシノ／67		

畜産業以外の事業従事内容を記入ください（農業・林業など具体的に）。
雨よけほうれん草　15a 稲作　45a

生産のこだわりについて、お書きください。
濃厚飼料は国産穀物混合飼料、国産フスマ、IP大地スペシャル72を使用。粗飼料はデントコーンサイレージ自給と堆肥交換の稲ワラを利用している。

2）繁殖牛について

選抜基準について	**繁殖牛頭数**
体型とDGを重視する。	7頭
	平均出産回数
	5産

飼育形態について	**飼料の与え方**			
夏山冬里方式	前期(250～400kg)	濃厚	なし	粗飼料サイレージ13～15kg
	中期(400～500kg)	濃厚	なし	粗飼料サイレージ13～15kg
	後期(500～700kg)	濃厚	出産前後フスマを2kg	粗飼料サイレージ15～20kg

給与飼料種類	
<舎飼時>	濃厚飼料は出産直後にフスマ2kg、もしくは大豆を与える。
<放牧時>	牧草、山野草

栄養補助剤の有無	**ある場合の栄養補助剤名を記入**	
なし	<舎飼時>	
	<放牧時>	

飲水の種類	**水質検査の実施について**	**塩の給与について**	
流水（湧き水）	なし	<舎飼時>	なし
		<放牧時>	味噌（大豆は自家製・人間用）を与える。

健康管理についての注意点（病気・病気治療内容）	
<舎飼いの時>　気温の変化が激しい時、換気に注意する。	<放牧の時> ピロプラズマの検査をして、治療をすることがある。
<繁殖農家の衛生管理について> 特になし。	

7）牛舎環境について

牛舎の使用年数	牛舎の種類	牛舎の使用建材	敷料・交換時期
18年	木造		オガクズ　毎日交換 森林組合

換気状況について
ファン等は取り付けていないが、換気はよい。

採光条件について
窓が多くすこぶる良い。

ハエの駆除方法	牛舎の洗浄薬剤商品名	薬剤関係の保管場所
なし。	使用しない。	牛舎内

8）飼料生産について

デントコーン作付面積	施肥状況（有機質）	施肥状況（化学肥料）
4ha	牛糞　2t／反	デントコーンBB　40kg／反

除草剤（薬品名・散布時期・散布量）	その他の作付け飼料
播種後、ゲザノンフロアブルを散布	なし

サイレージの作り方	サイロ種類
・スタックサイロ ・踏み込みをしっかりする。 ・40～50日で出来あがり。	スタックサイロ トレンチサイロ

9）糞尿処理について

・稲ワラとの交換。 ・デントコーン畑に施肥する。 ・ほうれん草畑に施肥する。切りかえしを年3回し、3年かけて完熟堆肥にする。

10）獣医師について

担当獣医師氏名	連絡先住所	連絡先電話番号
小笠原　祥之	山形村役場	0194－72－2111

担当家畜保健所名
久慈家畜保健衛生所

6）肥育牛について

導入の選抜基準	導入前の準備
体型・発育の状況を重視する。	粗飼料の確保。 牛舎消毒はしていない。

導入後の飼いなおしについて
粗飼料を多く与え、牛の状態を観察する。

導入時の事故について
ストレスにより、体調不良でないかを観察する。

飼料給与量（1頭1日の給与量）				
前期(250～400kg)	濃厚飼料	1～3kg	粗飼料	デントコーン8kg、稲ワラ0.8kg
中期(400～500kg)	濃厚飼料	3～8kg	粗飼料	デントコーン8kg、稲ワラ1.2kg
後期(500～700kg)	濃厚飼料	8～10kg(ス6:混4)	粗飼料	デント、稲ワラ（小国）

給与飼料種類				
前期(250～400kg)	濃厚飼料	IP大地スペシャル72	粗飼料	デントコーンサイレージ・稲ワラ
中期(400～500kg)	濃厚飼料	IP大地スペシャル72	粗飼料	デントコーンサイレージ・稲ワラ
後期(500～700kg)	濃厚飼料	IP大地スペシャル72	粗飼料	稲ワラ

補助飼料	
前期(250～400kg)	なし
中期(400～500kg)	なし
後期(500～700kg)	混合飼料　4kg／日→圧片小麦も混合

肥育形態	群頭数	1牧区の面積	パドックの面積
繋ぎ肥育			

飼料給与方法	飼槽の設置条件	水槽の設置条件	塩の種類
1日2回 制限給餌	1頭当たり3.5間	ウォーターカップ	なし(濃厚飼料配合の塩で十分と考える)

肥育促進剤の使用	増体方法について
なし	特になし

肥育中の健康管理について
毎日の観察をおこなう。 食い込み、糞の状態

肥育中の病気について
風邪、尿石 尿石にはカウストンは使用しない（7～8年前まで使用）

肥育中の病気治療について
獣医師の治療。尿石は早期発見を心がける。

飲水の種類	水質検査の実施について
流水（湧き水）	なし。

11）牛舎見取り図

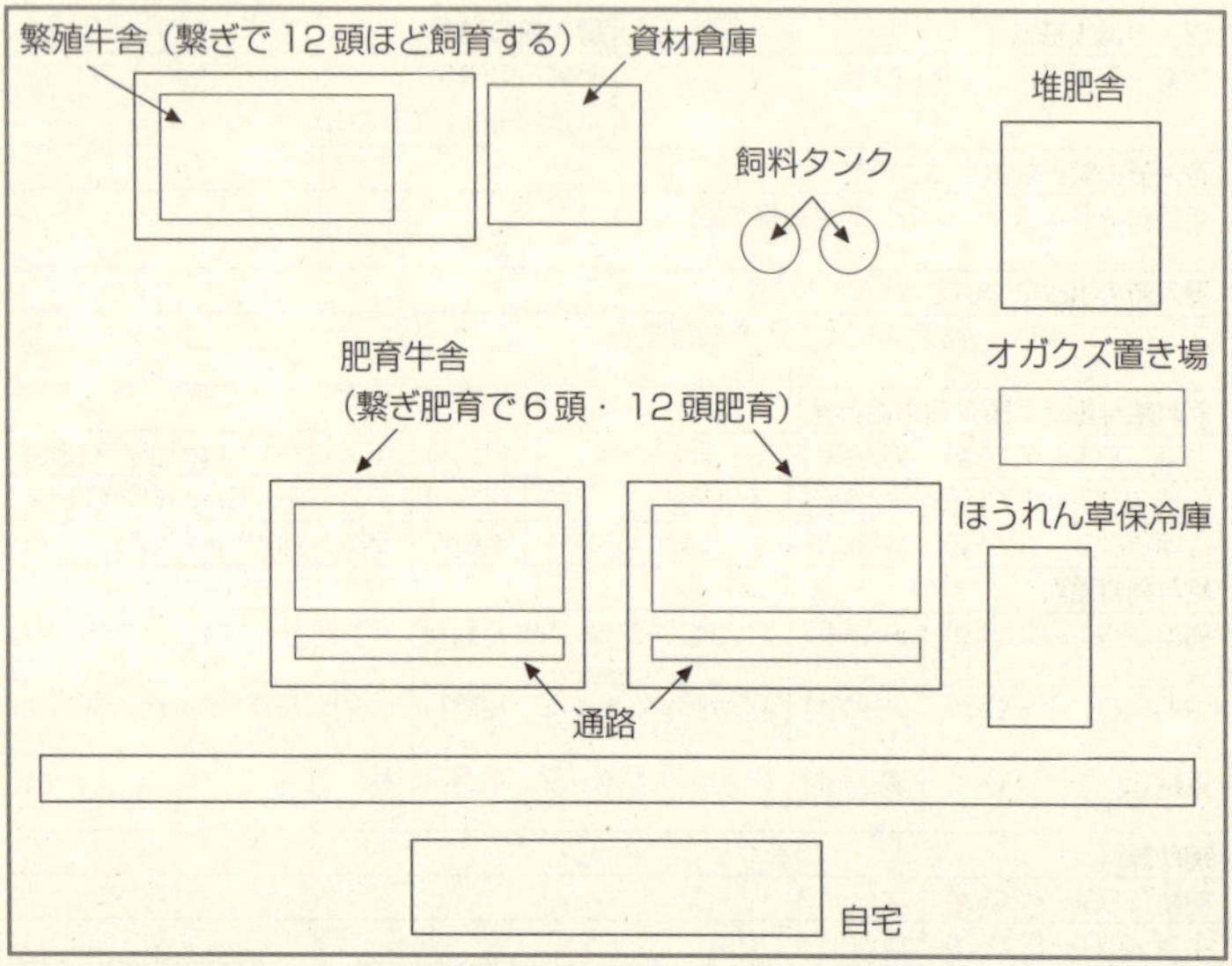

成・肥育段階に合わせた飼料生産体制をとりました。

九九年二月には哺乳期後期（生後四〇日・一〇kg以上）からPHF／非遺伝子組換えトウモロコシ（ハイオイルコーン）を使用した指定配合飼料バークA（抗菌性物質無添加）も導入し、離乳後の一時期を除いて抗菌性物質無添加飼料給与体制を整えたのです。

九九年十月には現在の九軒のメンバーに再編され、そのうち五戸の農家が肥育段階以降に指定配合飼料バーク100H（トウモロコシはハイオイルコーン）を導入しました。この時点から飼料面での安全性を本格的に追求するために、自家配合での飼料生産体制から指定配合飼料の供給体制へと切り替えが始まりました。各生産農家での飼料管理をスムーズに運営していくためと、全員で統一飼料を利用することでコスト軽減をするための選択がされたのです。この時点で飼料給与体制は、「バークA↓バーク70H↓バーク70H＋自家配合飼料」の生産農家と「バークA↓バーク70H↓バーク100H」の二通りの体制ができ上がりました。その後、飼料配合されている大豆油粕を〇一年二月からPHF／非遺伝子組換えのものに切り替え、〇一年九月のBSE発症以来、バークAに含まれていた動物性油脂を念のため十月に植物性油脂に切り替える（飼料名をバークAPNと変更）など、できうるかぎりの安全性を追求した飼料生産体制を構築してきました。

現在では、給与している三種類の指定配合飼料（バークAPN↓バーク50HN↓バーク100HN）に配合されている遺伝子組換え対象の穀物飼料のトウモロコシ（ハイオイルコーンからUS No.2 Yellow Cornへ）・大豆油粕・きな粉は非遺伝子組換えのもの、魚粉はBSE対策の意味を持つ反芻動物由来ではないという証明書つきとなっています。また、自家配合飼料の生産体制に区切りをつけ、人工乳以降の哺乳期後期から前述の三種類の指定配合飼料給与体制に全員移行しています。

また、仙台黒豚会では、山形村の短角牛の取組みより一年早く九六年から、「THAT'S国産豚」の取組みを開始しました。同じく国産穀物一〇〇％使用というコンセプトで、育成・肥育段階の飼料には地元の小麦・大麦・酒ぬかなどを調達し、加えて、乾燥おからを大地の取引メーカーから調達しています。また、離乳後の一時期も乳児用ミルク・小麦・乾燥おからなどを給与し、全生産ステージにおいて自家配合での抗菌性物質無添加飼料給与体制を確立させました。毎月一八頭前後の入荷体制をとり、二〇〇ｇパックで五種類の冷凍セット販売をし、七年目を過ぎて毎回五〇〇名前後の注文をいただいています。

消費者会員との交流会も年に二～三回開催し、毎回二〇～三〇名程度の消費者参加での交流実績を積み重ねてきました。短角牛と同様に生産者との枝肉検討会は年四回のペースで実施しています。黒豚と黒豚系交配種は生産・肥育が難しい品種とされますが、徐々に肉質の改善がすすみ、最近の二年間は上・中の格付が七五％の割合を占めています。

生産者の飼養管理は、短角牛と同様に毎年更新をしながら農家ごとに「生産者データ」を作成します。さらに、生産段階でのトレーサビリティを保証する生産者データをもとにして、各販売製品に添付するラベルに出荷生産者氏名を印字してお届けしています。これらは短角牛と同様に、生産者ごとの分別流通をしている成果の証明となっているのです。

4　肉鶏の取組み

肉鶏は、山形県東置賜郡高畠町の（有）まほろばライブファームからブロイラー（はりま2号）と、茨城県行方郡北浦町の北浦軍鶏農場から北浦シャモをいただいています。どちらの肉鶏も、ＰＨＦ／非遺伝子組換えのトウモロコシ・大豆油粕使用で、抗菌性物質飼料無添加の飼料給与体制をとっています。

まほろばライブファームは、ＢＭＷ技術を飼養管理の中心にすえた肉鶏生産です。ＢＭＷ技術はＢ（バクテリア）、Ｍ（ミネラル）、Ｗ（ウォーター）の頭文字をとった生産技術のことです。これは、土壌微生物の腐植作用を利用し、岩石鉱物のミネラルでその働きを活性化させる技術で、糞尿処理での利用や薬剤関係の使用をいっさいしないですむ飼養管理に役立っています。

北浦シャモの飼養管理については、その品種交配（日本鶏大型軍鶏系統８３３アカザサの雄と日本鶏土佐九斤×はりま1号ロックの雌で交配）の持つ強健性に起因するところが多く、気温や環境の変化に強く抗菌性物質などの薬剤使用をしないことが可能になっています。雄で九〇日、雌で一二〇日かかる出荷までの期間を、坪当たり二五〜三〇羽の飼育条件で健康に飼われています。

これら二つの生産地でも、他の生産地同様に、消費者交流を積極的に実施しています。

5 平飼い卵の取組み

現在お付き合いをしている鶏卵農家は、埼玉県・千葉県・東京都・群馬県・茨城県・秋田県・新潟県・青森県・島根県・佐賀県の広範囲にわたり、二六戸の養鶏農家で構成されています。

毎年、平飼養鶏生産者会議を重ね、平飼い卵の生産条件を国内自給型に向け細かい条件を定めてきましたが、その特徴の一つは初生雛導入です。大地の平飼い卵は生まれたばかりの雛から育てるので、その鶏がどのように育ったかがわかります。育成段階でも、大部分の生産農家は自家配合か、配合飼料を使う場合も成分指定して飼料業者に配合させる方式で飼料設計をしています。雛から抗菌性物質を使わずに育てるので、育成状態に差が出たりしますが、生産過程での生産技術の交流と相互評価を積極的にし、生産活動に努めています。また、九八年からは、ＰＨＦ／非遺伝子組換えトウモロコシ・大豆油粕を初生雛から廃鶏になるまで給与しています。

また、年に一度の技術交流を主たる目的として平飼養鶏生産者会議を開催し、国産穀物飼料の自給率向上を生産者とともに話し合ってきました。生産者の卵生産や卵の品質に対する考え方の違いや国産穀物飼料の入手条件の違いなど、その取組みはさまざまですが、そのような取組みのなかから、「非遺伝子組換えといえどもトウモロコシや大豆を外国産に頼るのではなく、国内の飼料として利用できるものをフルに利用して平飼い養鶏ができないものか」という考えから取組みを始めた生産者が現われました。結果として、飼料の九〇%以上を国産穀物飼料でまかなう平飼い卵を生産することが実現しました。この延長線上で、全飼料の九〇%以上を国産穀物飼料でまかなうことを生産基準とした「THAT'S国産平飼卵」が誕生しました。二〇〇〇年十月より四戸の生産者による供給がスタート、現在では九戸の生産者体制になっています。

6　酪農の取組み

八〇年代初頭のロングライフミルクに反対する運動のなかから、静岡県田方郡函南町にある函南東部農協の指定生産者で構成した低温殺菌牛乳生産者部会（現在は一七戸の生産農家）に出会い、その原乳を原料とした低温殺菌牛乳（六二℃三〇分殺菌・パスチャライズ／ノンホモジナイズ）の供給を開始しました。八二年六月のことです。当時あまり流通していなかった低温殺菌牛乳の消費拡大に取り組むために、ロングライフミルク反対運動に取り組んできた団体と丹低団《たんていだん》（丹那の低温殺菌牛乳を育てる団体連合の略称）を結成し、生産拡大に努めました。現在、丹低団活動は、〇二年五月をもって歴史的任務を終え、解散となっています。

低温殺菌牛乳を生産するためには、搾乳する原乳の細菌数が少ないことが条件となります。搾乳時に前搾りを徹底することや、牛の乳房を三回に分けてタオルで拭いたり、牛舎環境を常に清潔に保ちバルククーラー・パイプライン等器具を清潔にするように心がけています。

飼料面については、自給飼料の拡大に努力しつつ、九九年四月から非遺伝子組換えトウモロコシを使用した指定配合飼料に切り替える取組みをすすめてきました。途中一部生産者の飼料切り替えの取組みが遅れ、若干の足並みの乱れはありましたが、〇一年十二月からは搾乳段階からの給与飼料は非遺伝子組換えトウモロコシのものに完全切り替えをすませ、〇三年十月には大豆油粕・綿実も非遺伝子組換えのものに切り替えを完了させました。

〇二年三月からは、低温殺菌牛乳生産者部会と同様の飼料条件をクリアしたタカハシ乳業との取引も開始しております。

また、短角牛や豚と同様に、各生産農家の生産者データを作成し、生産過程の確認作業を実施しています。

7　生産者と消費者の提携の原点を目指して

〇一年九月のBSE発症の波紋は、畜産農家の現場では現在も続いています。消費者サイドからは、

「畜産物の安全性確保のために、どのような飼養体制で畜産が営まれているか、安全な飼料がいかに給与されているか、自給体制はどうなっているか」という要望がますます強くなってくるでしょうし、ましてや、野菜で有機栽培認証制度が定着しようとする時期に有機畜産への要望が強くなることは当然です。

しかし、畜産を支える主飼料のトウモロコシを輸入に頼っている現状では、有機畜産物を国内産有機飼料で生産することは非常に難しいのが現状です。大地を守る会としての畜産部門において短期・中期・長期的にはどのようなこだわりを持った畜産であるべきか、その生産体制構築と検討が求められると考えます。そのための諸条件を以下に述べたいと思います。

①畜産物の安全性確保のために、非遺伝子組換え飼料のさらなる導入を図るとともに、国産飼料自給率をできるだけ高めます。

②給与飼料から狂牛病発症の原因とされる肉骨粉の完全排除、動物性油脂の段階的排除を実施します。

③国産飼料で飼育した畜産物を消費者に受け入れてもらうために、品質（とくに食味）の向上を図ります。

④生産体制を消費者にわかりやすく公開し、交流を活発にします。

⑤こだわりを持った畜産生産体制を維持するためのコストを算出し、そのことへの理解を消費者の皆さんに呼びかけます。ただし、そのさい、生産者の皆さんにも生産コストの低減に努めてもらうこ

とを忘れてはなりません。

⑥行政サイドに資金面での支援、生産技術面での研究支援を要請します。

以上の点を書き連ねながら、改めて、生産者と消費者との提携の原点を見つめ直し、さらに発展させていくことが必要な時期にきていることを確信すると同時に、私たち大地を守る会の果たすべき役割の重大さを痛感するしだいです。

8　漢方鶏、ハーブ豚、ホルモンフリー牛などこだわり畜産とトレーサビリティシステムの開発〈(株)ニチレイ〉

ニチレイでは「地球が喜ぶ食卓」をテーマに、できるだけ薬物に頼らず「自然の力を最大限活用して、健康でおいしく、そして生活者にも環境にもやさしい」畜産素材を提供し、それらを「ニチレイこだわり宣言」として発信している。さらに生産現場では、そのような食材を提供するためにニチレイ独自のトレーサビリティを達成している。

こうしたニチレイの取組みを、初めに漢方鶏を一つの例として説明する。

ニチレイでは「こだわり宣言」を実現する「こだわり素材」の新たなコンセプトとして、「ＦＡ／Free from Antibiotics」という定義の商品群を発信した。これは、「家畜や家禽の出生、初生から全育成過程を通じ、抗生物質や合成抗菌剤をいっさい使用しないで飼育したもの」と定義している。この飼育方法で、法定伝染病の予防ワクチンは使用するが、抗生物質や合成抗菌剤は使用せずに、耐性菌発生の恐れのない「植物性の生薬」や「有用微生物」を活用して飼育したチキンがいわゆる「漢方鶏」である。そして、養鶏において「FA」という定義が実際に間違いなく行なわれているかどうかをトレースするために、飼料工場・飼育場・処理加工場などすべてのプロセスのシステム監査と、最終商品のモニタリングを、品質保証部が中立的立場で行なっている。この監査方法体制への信頼とその確立はイコール、トレーサビリティの確立と自負している。

1　漢方鶏について

中国の東営市は山東半島のつけね、雄大な黄河の三角州に位置している。天然地下資源、とくに天然ガス・石油の採掘量が豊富で、電気などのエネルギーコストが安く抑えられている。その上、豊富な水量が確保され、東営市とその近郊ではセンシンレンをはじめとした漢方の栽培が盛んである。基本的なインフラも整い、漢方を利用した養鶏に最適な地であるといえよう。

その東営市にある東営（東営華誉実業集団公司）は、中国が数千年をかけて築きあげてきた漢方のノウハウを養鶏に導入して、安全な鶏づくりを目指してきた生産者である。つまり、病原菌を死滅させて体を守るのではなく、体に抵抗力をつけて病気にかかりにくくする方法である。

中国のほとんどの生産者が抗生物質を使用した養鶏を行なうなかで、植物のパワーを最大限に活用して養鶏する東営のチキンにわれわれは注目していた。そして、二〇〇〇年初めに東営とニチレイおよび山東農業大学との共同開発で漢方鶏の養鶏に成功した。

東営は一〇〇〇人を超える作業者が働く処理場と、二〇か所の自社農場を中心に構成され、餌づくりから養鶏・処理まですべて自社一貫生産となっている。

すでにニチレイ品質保証部による工場監査は済んでおり、使用漢方の確認や処理場内における衛生管理システムの構築ができている。

現在の一般的養鶏には、病気予防や成長促進効果を持つ抗生物質が使用されている。サリノマイシンやテトラサイクリンは広く養鶏で使用されている薬剤であるが、抗生物質は耐性菌を生み出し、人に害を及ぼす場合がある。

漢方鶏の養鶏ではこうした不安な薬剤を使用せずに、鶏の体を健康に保つ養鶏方法が行なわれていることに注目した。抗生物質を抜いた養鶏には常に病気発生のリスクが伴うが、東営では次の条件を整えてリスクを軽減している。

●すべて自社管理できる農場を確保する。
●二四時間体制で鶏の健康状態を監視する。
●漢方で体を丈夫にする。
●病気予防のワクチンをプログラムどおり投与し、抗体をつける。
●エサや漢方薬はすべて自社配給で品質の確かなものを供給する。

●病原菌を持ち込まないよう部外者は農場に簡単に立ち入れない。

これらの条件がそろって初めて継続的な養鶏が可能になる。

他の国では一m^2当たり一二羽以上押し込める養鶏が当たり前のように行なわれているが、東営では八羽まで減らしてストレスを軽減している。

また、出荷が終わるまで農場内に寝泊りして鶏舎や鶏の状態を監視し、さらに病原菌を持ち込む野鳥や動物が入り込まないよう、しっかりとした鶏舎を備えている。羽数の管理やワクチンの投与記録はすべて養鶏日誌に記入され、それが次回以降の参考資料となる。

2　漢方の処方

東営で調合されている漢方の特徴は以下のとおりである。

●天然植物だけを漢方に使用する。

●抗生物質の代替として漢方を投与する。

●漢方の効能で免疫機能が向上する。

●食欲を増進させる漢方を調合する。

●酸化を防止する効果がある。

●抗菌作用がある。

副作用がなく、多くの複合効果を期待できるのが漢方の大きな特徴である。そのため鶏がかかりやすい病気を想定して何種類もの漢方が調合されている。そのなかの主なものを見てみよう。

●オウレン　消化不良、下痢止め、コクシジウム症対策。
●オウバク　整腸効果、炎症を静める。
●キキョウ　咳止め、気管支炎対策。
●カンゾウ　呼吸器系の消炎効果。
●ビャクジュツ　体内水分の代謝調整、肝臓保護として使用。
●チンピ　食欲不振・下痢対策に調合される。

東営は自社独自の調合ノウハウを持ち、日々繰り返される養鶏データをもとに気候風土に合わせた調合を行なっている。当然、春夏秋冬と季節によってかかりやすい病気も変わるので、それに合わせて漢方の内容も変えていく。養鶏期間中においては餌と同じく、漢方も前期・中期・後期の三ステージに分かれている。これは、鶏が育つ過程でかかりやすい病気が異なるためである。

以前は農場内で漢方を煎じていたが、現在は品質を一定させるため自社の漢方工場をつくり、エキスを抽出して農場へ配給している。使用するのは植物性の漢方のみで、動物性の漢方は調合していない。機械で煎じた液体を農場へ配給し、鶏の飲料水に混合して与える。飼料に混ぜ込むより、体に取り込む効率がよくなるためである。煎じた漢方には補助的なサプリメントや薬剤はいっさい添加されていない。

養鶏期間中、ワクチンは一般的なプログラムどおり行なわれる。ワクチンについては、抗原抗体反応を活用するものであり、抗生物質とは作用がまったく異なる。コーデックス委員会ではオーガニックチキンの規定のなかでワクチンの使用を認めている。東営ではトータル五二日間の養鶏期間のうち、二一日目までにすべてのワクチン投与を終了し、あとの三〇日間で体内に抗体をつくって免疫力を高めていく。漢方は二五日目まで飲料水に混合して投与され、抗生物質の代替として鶏の病気予防に寄与しているのである。

3　おいしさにつながる鶏の健康

テレビや雑誌などでも頻繁に取り上げられている活性酸素だが、鶏の体内でも細胞にダメージを与える要因になっている。そのメカニズムは、抗生物質などの化学物質が体内に入り込んだり、ストレスを感じると体内に活性酸素が発生するというもの。また、腸内細菌のバランスが崩れたときにも起こり、細菌やウイルスの侵入に対しても体がストレスを感じるために活性酸素が発生する。

この活性酸素は不飽和脂肪酸と反応して、細胞膜にダメージを与える過酸化脂質が発生する。過酸化脂質によって細胞膜にダメージが起こると、

＊ドリップが多くなり、
＊脂肪が酸化しやすく香りが悪くなる、
＊ドリップが多くなるので、肉にジューシーさがなくなる、
＊ドリップのために菌数が多くなり、日持ちが悪くなる。

こうした弊害が起こって結果的に肉の味が落ちるのである。

薬品、細菌など、異物侵入による体内ストレスと、養鶏密度や暑さ寒さで鶏が感じる外的なストレスのどちらも、活性酸素を発生させる要因になる。この活性酸素が体内の不飽和脂肪酸と結合して過酸化脂質ができ、細胞の内部までダメージを与えるのである。

もう一つ、おいしさの点で忘れてならないのは、動物性の原料を餌に配合していないので、脂肪分が少なくさっぱりとした肉に仕上がることである。昨今、狂牛病問題がクローズアップされており、この点においても、これら肉骨粉、魚粉等をいっさい使用しない植物性飼料飼育のメリットを見直すよいタイミングとなった。

東営・漢方鶏の特徴には三つの柱がある。

●無投薬飼育で耐性菌の発生しない環境をつくり、鶏の薬物ストレスを抑える。

●漢方を使用して免疫力を高め、病気発生のリスクを軽減する。

●動物性原料を含まない餌を与えて、さっぱりとしたおいしい肉をつくる。

これらのことが活性酸素の発生を極力抑え、鶏本来の味を引き出すことになる。

以上が漢方鶏の特徴である。このように、繁殖、飼育、出荷、加工処理および流通に至る由来が明確になり、生活者にきちんと情報開示できる姿が、本当のトレーサビリティであり、安心、安全の大きなポイントである。

4 品質保証

ニチレイでは、「安心・安全」「おいしさ」「環境にやさしい」をキーワードとした価値ある商品を「こだわり畜産素材」として位置づけ、国内外からの開発導入や調達を拡大している。そこで、「こだわり畜産素材」の基準を策定し、その監視体制を構築するに当たり、とくに重視した点は、まず消費者が納得できる定義をつくり、その定義に従って各工程の基準を設定し、これらを検証・監視するための方法と仕組みを構築することである。これらが有機的につながり、機能して、初めて信頼される品質保証体制ができ上がると考えている。

「こだわり畜産素材」としては、繁殖・投薬、肥育、品種、成分・肉質などの面からさまざまな商品が考えられている。繁殖・投薬については、無投薬鶏、漢方鶏、ハーブ鶏、ホルモンフリー牛、SPF豚。肥育では、最適肥育環境管理、鶏の植物性飼料飼育、Non-GMO飼料肥育などがあげられる。品種に関しては、鶏の黒系鶏種、赤系鶏種、軍鶏、豚ではバークシャー種による黒豚、牛ではレッドアンガスがあり、成分・肉質では、低脂肪のものがあげられる。

また、これらの「こだわり畜産素材」は、単独に生産されるとともに将来的には複数のこだわりを兼ね備えたものへとすすんでいく可能性があり、その最終段階として有機畜産物が考えられる。現在の畜産物のマーケットでは、国際的な基準づくりがすすんでいる有機畜産物から、低脂肪のように国内基準のみが明確になっているものまでさまざまだが、明確な基準もなくあいまいな商品も出回っているのが現状である。

そのような状況のもと、「安全性」や「おいしさ」に対し、「こだわり畜産素材」は飼育から加工まで一貫した品質保証体制で臨んでいる。そのためにニチレイでは、こだわり畜産素材について明確な定義をつくり、その基準に従って監視を行なう体制を構築している。

そこで、漢方鶏およびハーブ豚の飼育過程での監視体制を説明する。

まず、その定義である。漢方鶏およびハーブ豚については、「出生時から全育成過程において、抗生物質・合成抗菌剤、その他の薬剤を投与せず飼育された鶏、或いは、豚であること。ただし、病気予防の為のワクチン接種と漢方鶏については漢方薬・ハーブ豚についてはハーブ類のみの投与を認める」と位置づけている。

この定義を達成するためには、飼料から飼育、と殺、加工処理に至るすべての生産過程に適切な環境を確保することが必要である。ニチレイでは、飼料工場、育成農場、加工工場における基準を生産者と綿密に協議の上で設定し、生産前の事前監査、定期的な工場監査により品質保証体制の確認・指導・改善を行なっている。

飼料工場においては、成長に必要なビタミン・ミネラル等の飼料補助材であるプレミックスの配合内容の確認を含めたプレミックス配合工程、飼料原材料の取扱いから始まる飼料配合工程、配合した飼料の保管方法・保管状態、飼料の配送方法について調査する。また、「こだわり素材」以外の一般用の飼料を生産している場合は、それら一般飼料と「こだわり素材」との全工程における明確な識別・

区分の方法について、さらに両者の生産切り替え時における各機材、器具の区別から洗浄方法に至るまで調査する。

育成農場においても、使用する飼料の受取りから保管方法、飼料・飲み水の与え方、温度管理、換気状況、鶏舎・豚舎の洗浄方法、肥育を休止する期間の対策に至るまで、詳細な調査を行なう。また、鶏と違い豚に関しては、哺乳類ならではの授乳期における母豚から子豚への影響もあるため、母豚の管理についても同様に明確な基準を設定している。それらの鶏・豚がどのように加工工場まで輸送されるのか、また出荷までの肥育状況・健康状態に関する記録が整備されているかどうか、についても調査を行なう。

加工工場では、鶏あるいは豚の受入れ体制、生産工程の管理体制、一般飼料で育成された鶏・豚を生産している場合はその識別・管理方法、保管状況について調査する。もちろん、食品を生産する工場としての基本的な品質衛生管理体制についても調査する。

このように、飼料工場、育成農場、加工工場のそれぞれについて基準との適合性を確認し、それが一貫した総合的な品質保証体制となっているかどうかを確認するとともに、必要に応じて指導・改善を行なっている。そして、これら一貫した品質保証体制が十分に機能しているかどうかを検証するため、定期的なシステム監査に加えて、飼料検査、飼育中間鶏検査、製品検査を実施している。

次に、無薬鶏および漢方鶏の検査体制の事例について説明する。

まず検査サンプルは、飼料工場、育成農場、加工工場の三か所から抜き取られる。それらをすべてニチレイ品質保証部の検査センターに送付し、それぞれ化学検査、微生物検査を実施する。飼料工場で抜き取った飼料および育成農場でサンプリングされた二五日齢の中抜きサンプルについては抗生物質、合成抗菌剤、残留農薬などの化学検査を、最終製品については同様の化学検査と微生物検査を、それぞれ実施している。

抗生物質については、食品衛生検査指針中の動物用医薬品および飼料添加物試験法に従い、微生物を用いた簡易検査法および分別同定法、ならびに高速液体クロマトグラフィー（ＨＰＬＣ）を用いたテトラサイクリン類の検査を実施している。合成抗菌剤は、やはり食品衛生検査指針中の動物用医薬品および飼料添加物試験法に従い、高速液体クロマトグラフィーあるいは高速液体クロマトグラフィー・マススペクトロメトリー（ＬＣ／ＭＳ）を用いて、一六種類について一斉分析を行なっている。残留農薬は、弊社で独自に開発したガスクロマトグラフィー・マススペクトロメトリー（ＧＣ／ＭＳ）による一〇九成分の一斉分析を行なっている。

微生物検査は、無薬鶏や漢方鶏の監査とは直接的に関係はないが、「安心・安全の提供」の基本として「こだわり畜産素材」についても同様に実施している。一般生菌数、大腸菌群、黄色ブドウ球菌、サルモネラについては、ニチレイ規格基準に合致したものであるかどうか、社内の事業部門から独立した監視・牽制機能としてのモニタリング検査でもチェックしている。

このように「こだわり畜産素材」は、飼料工場から育成農場、加工工場まで、すべての製品がニチレイの定める方法に従ってつくられているかどうか、すなわちシステムとして適正に機能しているかどうかを監視する「システム監査」と、それらをモニタリングする「検査体制」とによって支えられている。

以上述べたように、ニチレイでは「よりおいしい」「より安心、安全」な畜産物の開発を推進するため、「こだわり素材」の定義を明確にし、それに合わせたトレーサビリティを開発・推進してきた。その過程のなかで、生産や肥育の段階に遡れば遡るほど、「安心」や「安全」に必要な要件が意外と知られていないことがわかってきた。今後、そのような疑問と取り組み、明確にすることが、より完璧なトレーサビリティを確立することになるだろう。

9 大規模酪農の破綻から「有機の里づくり」へ

＜静岡・JA富士開拓＞

はじめに

二〇〇三年五月、わが国の戦後の食品安全行政の大転換といえる改正食品衛生法と食品安全基本法が第一五七回通常総会法律第48号で成立した。新しく制定された食品安全基本法は、「農場から食卓まで」を通して食品の安全性を支えるための法律で、これまでの生産者主導から消費者主導へと大きく転換しているのが特徴である。生産者は、国民の健康志向に則して安全な食糧を供給し、さらに地域の環境保全を前提とした持続的な農業を行なわなければならない。酪農においても同様に、消費者重視の立場から「おいしく、安心して飲める」牛乳の生産にこれまで以上に取り組むことが必要になった。このような背景のなかで富士開拓農業協同組合の「有機の里づくり」は、安全な食品の供給と有機農業の確立という時代のニーズに応えるために農協が中心となり、地域生産者自らが放牧酪農、放牧養豚および有機野菜栽培の生産とその総合的な販売への新たな挑戦を行なっているので紹介したい。

1　西富士開拓における酪農の歴史

第二次世界大戦後の日本は、昭和二十一年（一九四六年）十月、第二次農地改革により自作農創設特別措置法が施行され、農業政策が小作農から自作農へと転換、作業は人力から機械化へと大きく変貌した。戦後、農政の基調は食糧増産を目的とした単品目別の専業的規模拡大の政策がとられ、農業各分野における専門技術は飛躍的な発展を遂げた。さらに、自作農創設特別措置法の施行は、その後の農業所得の向上と安定的な農村を形成し、農家の生産意欲を高める結果となった。

富士開拓農業協同組合がある西富士開拓地域は、富士山西麓に広がる富士宮市の北端、山梨県と隣接する標高五〇〇～九〇〇mに位置し、終戦後、食糧増産法に基づき昭和二十一年に国営緊急開拓事業地区に指定された地域である。若い入植者たちが夢と希望を抱きながら二四〇〇haの荒野に鍬を入れ、自作農家の創設が開始された。当初はこの地に合った経営方向を見いだすことができず、国策である食糧増産のために手探りで、陸稲、麦類、ジャガイモ、蔬菜の栽培に取り組んだ。しかし天候は多雨型高冷地のため日照時間は平坦地と比較し三割ほど短い、年間降雨量は三〇〇〇mm以上の年が多く、厳寒期には零下一五℃にもなる。地勢は小起状を含んだ緩傾斜地で随所に溶岩塊が露出し、しかも地質はやせた強酸性の火山灰土、通称「富士マサ」と呼ばれる火山性砂礫盤層が不規則に分布するなどの立地条件であったため、入植者たちの地道で懸命な努力のわりには耕種農業では十分な成果を上げることができなかった。

昭和二十四年（一九四九年）、静岡県は西富士開拓地域を畜産指定村に指定し、初めてこの地に乳用牛ホルスタイン種五〇頭を導入し上限二頭を農家に割り当て、産業としての酪農が産声を上げた。

酪農が本格化したのは、昭和二十九年（一九五四年）に高度集約酪農地域の指定を受け、アメリカ、オーストラリア、ニュージーランドからジャージー種の導入が始まってからである。その後、昭和三七年（一九六二年）、大規模草地改良事業により草地型酪農の基盤づくりに着手し、翌年第一次農業構造改善事業によりパーラーシステムを採用した共同搾乳所の設置、共同育成牧場の開場など新しい酪農技術が全国に先駆けて導入された。昭和四十一年（一九六六年）、緊急粗飼料総合増産対策事業による草地管理用大型機械の導入、昭和五十八年（一九八三年）、畜産基地建設事業による草地造成、合理化された畜舎の基盤整備、管理用道路の整備など国の整備事業を富士開拓農業協同組合が中心となり積極的に継続して取り入れ、諸外国からの輸入畜産物に対応できる大規模な近代化酪農団地の確立を推し進めていった。西富士開拓地域は酪農を主幹産業と位置づけ、草地型の酪農専業地帯として歩みだしたのである。

2　西富士開拓における有機農業への転換

昭和六十一年（一九八六年）以前は、このようにして整備された広大な草地を利用した放牧中心の循環型農業が行なわれていた。しかし、乳脂肪の取引基準が三・二％から三・五％に引き上げられた翌年からは、自給飼料をベースにした昼間放牧・夜間舎飼いの飼養体系では、出荷した牛乳の脂肪率が著しく下回り、年間を通して三・五％を維持することが困難になった。ペナルティーを科せられた多くの農家は乳牛を舎飼い方式の管理に変え、購入飼料中心の飼養体系をとるようになった。その結果、さらに購入飼料のコスト高を補うためにスケールメリットを活かして増頭し、急激に周年舎飼い方式へと転換していった。放牧地は採草地として利用されていたものの、草地の荒廃、増頭による家畜糞尿の地下水汚染が社会的問題となり、また家畜の健康にも悪影響を与え、硝酸塩中毒、乳房炎、繁殖障害、ときには急死するなどの疾病を引き起こした。土がおかしくなり、そこで生産される草がおかしくなり、飼われている牛もおかしくなり、結果的には借入金が増加して離農を迫られる農家が現われるようになった。さらに牛乳の生産調整、牛乳販売価格の低迷、牛肉・乳製品の輸入自由化、開拓一世から二世への経営主交代といった諸問題が循環型草地酪農の破綻で行き詰まる農家に追い討ちをかけたのである。

酪農専業地帯として規模拡大を果たした結果、処理されない糞尿と利用されない草地の増加が、これまで継承されてきた草地型の酪農を破壊し、大きな地域問題となった。開拓者たちはこのような問題を引き起こしたことの反省に立ち、糞尿を貴重な資源と位置づけ、「土—草—牛」の関係、すなわち家畜糞尿を軸にした三つの環の結合を正常にもどし、循環型の農業を再構築することを経営再建の目標においた。環境の見直し、良質堆肥づくりの研究、荒廃した牧草地の利用、放牧技術の確立から農家経営の展開が始まった。良質堆肥を土に還元することによって、土も健康に、作物も健康に、牛も健康に、そして人も健康としたい。苦い経験と必要に迫られて生まれた人と自然との共生関係を基本理念として、平成二年（一九九〇年）、「有機の里づくり」富士ミルクランド構想は起動し始めたのである。

3　富士ミルクランド構想の計画と実施

酪農を取り巻く環境は厳しくとも西富士開拓地域は酪農で今後も生き抜くという強い信念のもとに、平成二年、富士開拓農業協同組合は新しい地域創生のために富士ミルクランド構想を策定した。この構想の目的は「一般消費者の地域への誘致、産業としての酪農の位置づけ、農畜産物の消費拡大」であった。農協は富士ミルクランド構想の実現化に向けて、富士宮市と歩調を合わせ農業構造改善事業として立ち上げるための検討を行なった。平成三年（一九九一年）十二月、事業の実施が決定され、「富士宮市農業農村活性化塾」を設置し、富士宮市農政の中心的機関として活動を始めたのである。

そして西富士開拓地域の環境整備を展開するために、次の三つを基本目標においた。
①牛乳などの地元特産品の加工による付加価値向上と地元ブランドの確立
②富士山の景観と酪農を生かした体験交流拠点施設の整備
③農業に対する魅力と生きがいのある農村生活環境の創出
これらの目標の実現に向けて、富士開拓農業協同組合は「農業農村活性化農業構造改善事業地域資源整備活用（緑の空間型）」「農村資源活用農業構造改善事業（グリーンツーリズム型）」の補助金を十分に活用し、農畜産物処理加工施設、地域食材供給施設、滞在型農園施設などの建設を行なった。施設以外の事業費を含めた総事業費は、九億五六〇〇万円強であった。

三つの基本目標を達成させるための実践

①付加価値向上と地元ブランドの確立

西富士開拓地域では地元生産、地元加工、地元販売の体制づくりを目指してきた。そのために、酪農家の長年の悲願であった加工プラントを富士ミルクランド内に建設した。生産した牛乳の全量を指定団体へ販売するのでなく、西富士地域の環境すなわち朝霧高原の空気、豊かな土壌で育った牧草、古富士から湧き出る水、そして酪農家の深い愛情の中で飼われている健康な牛から搾られた「おいしくて、安心して飲める」牛乳、またそれを加工した乳製品、それらを消費者へ自分たちの手で自信を持って販売したい。富士ミルクランド内に建設された農畜産物処理加工施設では、地域の酪農家が生産した牛乳を使用し、チーズ、ヨーグルトなどの乳製品の研究、開発を行ない、朝霧高原の特産品として製造、販売し、大変好評を得ている。効率主義に徹したこれまでの慣行的な農畜産物を生産するだけでは二一世紀の時代の波に乗りきれないのかもしれない。富士の自然を十二分に活かした西富士開拓地域で生産された牛乳のブランド化は有機農業によって支えられている。

②景観と酪農を活かした体験交流拠点施設の整備

一九九〇年代初めに、グリーン・ツーリズムと称して緑豊かな農山漁村において自然、文化、人々の交流を楽しむ長期滞在型の余暇活動が本格的に始まった。

富士ミルクランドでは、長期間滞在し、牧歌的な環境の中、自然に触れ合い、農業を体験する場としての滞在型農園施設を建設した。

西富士開拓地域は、眼前に聳え立つ富士、ゆるやかに裾野が広がる高原として親しまれ、滞在した人たちは自然が織りなす風景に感動し、そこに点在する牧場が地域の景観に大変マッチしていることを認識する。牧場が食糧を生産する場であるばかりでなく、多面的機能を果たしている一端を垣間見ることができる。富士ミルクランドでは、「農村の生活も楽しいよ!」ということを都会の人が実感してくれたらとの思いから、早期にグリーン・ツーリズムへの対応を行なった。また、西富士開拓地域では次世代へ農業の大切さを継承するために、小・中学校の課外活動と連携した総合学習の場として牧場を提供してきた。この活動が将来の日本農業を守ることにフィードバックされることを確信し、日本型のグリーン・ツーリズムとして定着することを期待している。

③魅力と生きがいのある農村生活環境の創出

一世が耕し、二世が規模を拡大し、三世が社会とともに歩む酪農に展開していく。荒れ野を開拓した歴史と努力の積み重ねは、西富士開拓地域の牧場群を富士の景観に見事にとけ込ませている。先代が世代を支えるために懸命に取り組んだ酪農が残してくれたものは、五〇年間の開拓史、生活の糧、社会の中枢で活躍する子や孫たちだけではなかった。振り返れば、入植当時ススキと富士の噴石で覆われた不毛の地は肥沃な土地へと変遷していた。酪農の一線を退いた開拓一世たちは、「何でもできる」この土とこれまでの経験を十分に活かし、自分たちの生きる喜びのために有機野菜栽培に取り組んだ。収穫された生産物は富士ミルクランド内のファーマーズマーケットで販売され、一般消費者をはじめ、グリーンツーリズムで訪れた長期滞在者、観光客などに好評を得ている。これらの地域が求めている活動は高齢者たちの生きがいとなり、農業の魅力を確実なものとしている。さらに開拓一世の喜ぶ姿は、二世、三世の将来の夢と希望を膨らませ、「拓魂通天」の気概は世代を越えて受け継がれていくことになる。ここに未来の西富士開拓地域の姿がある。

富士ミルクランド

4　富士ミルクランドの支援体制

行政とは別に富士ミルクランド構想に大きく係わってきたのが西富士開拓地域の飛躍を夢見る「富士朝霧高原有機農業経済振興会」である。良質の完熟堆肥を草地に還元し、無農薬で育った牧草を、放牧主体に飼養管理された乳牛が食べる。搾った牛乳や肉を原料にして、おいしく、安全な加工品をつくり出す。この特産品の研究開発と産直の促進を目的に生産者、農協、製造業者、加工業者、流通業者、消費者といった地域の枠を越えた多彩な会員が集まった。土、栽培技術、加工、流通、多種多様な分野の技術者が計画、実行、検討を行なって、有機畜産で飼養された放牧牛乳からはチーズ、ヨーグルトなどの乳製品、放牧豚からはハム、ソーセージなどの加工食品の商品化がすすめられた。これらの有機農畜産物の一部は同振興会会員の流通ルートによって東京、神奈川、名古屋の消費者団体に届けられている。生産者、加工業者、流通業者が地域を越えて知恵を出し合うことで富士開拓農業協同組合の有機農畜産物販売は、都市の消費者へ存在を明確にしていった。

富士ミルクランドはそれぞれの立場でお互いが協力し合う関係を築くために、専門部会を設置した。その後、この部会は有機農業への理解と実践的な有機農業の知識、技術、商品開発、流通などを学ぶ場となり、平成十年（一九九八年）に「有機農学校」を開校した。地元だけでなく近隣市町村の農家なども加わり、土壌学の専門家、食品加工業者、流通業者、学生などが研究集会、実地研修を行ない、三年間で計三六回開催された。この学校では、地域特産品の開発、試作、農業技術の革新などを地域農家と都市協力者で支え合うというシステムを築き上げている。

このように、農協や地元生産者を中心に国・県・市農政、富士朝霧高原有機農業経済振興会などさまざまな支援体制により、この地域の酪農の未来をかけたプロジェクトは富士ミルクランドが中心となり大きく発展しようとしている。

5　西富士開拓酪農地帯の概況

わが国の農業、とくに酪農を取り巻く状況は厳しく、市乳消費量の長期停滞、乳価の低下、飼料自給率の低下による経費増大など農家経営は悪化し、労働に見合う収入が得られない農家の廃業が続いている。富士ミルクランドのある西富士開拓地域においても、ウルグアイ・ラウンド交渉の牛肉輸入自由化以前には一五〇戸を数えた酪農家戸数も、現在では七〇戸を割るまでに減少している。

西富士開拓地域は、農用地面積一二〇〇haのうち牧草地が一〇〇〇haを占め、本州最大規模の草地が広がり、そこで五五〇〇頭余の乳牛が飼養されている。年間出荷乳量二万八五〇〇t、静岡県における生乳生産量の二六％を占める県下最大の酪農拠点である。入植して五〇年、長い年月をかけて築き上げてきた酪農地帯を守り抜こうとする農民の不撓不屈の精神と開拓地という先取的なものの考え方が、「有機の里づくり」の試みを起動させた。富士山が与えてくれた環境を精いっぱい活かし、「土づくり」を基本とした新たな事業展開に取り組んでいる。

6　堆肥づくりの実践と有機物活用の取組み

「有機の里づくり」事業は良質堆肥を生産することから始まった。この地域の酪農家はそれぞれに広大な土地を所有するため、これまで農家自身が堆肥舎を建設し、それぞれの方法で堆肥を生産し処理を行なってきた。しかしながら飼養頭数の増加に伴い、糞尿による地下水汚染の問題、過剰散布による硝酸塩中毒、乳房炎、繁殖障害などの疾病発症、糞尿散布後から放牧開始までの期間の延長などさまざまな問題が生じた。野積み同然の状態であった生糞を効率よく発酵させ、荒れた農地を活力のある草地に創りあげようという目的で地域の酪農家一一戸が結集し、良質堆肥化プロジェクトを始めた。微生物資材を利用した「牛糞の連続堆肥化処理」は、牛の飼料添加剤として使われている発酵放線菌による堆肥化である。完熟した堆肥の一部を種菌として有効菌を培養して種堆肥をつくる。この種堆肥を戻し堆肥として毎日大量に出る生糞と混合し、発酵をすすめる。おおよそ三～四週間で完成した良質堆肥は、草地に還元されたり、有機野菜栽培に使われたりするが、一部は戻し堆肥として牛床にも利用される。放牧牛乳の生産者である中島邦造氏[1]の完熟堆肥は牛床の敷料にすると牛が食べるほどまでに発酵がすすんでいて、乳房炎や呼吸器病などの疾病発症率の減少に効果があったという。この連続堆肥化処理の技術は、西富士開拓地域全体の酪農家に普及するようになった。

また、地域の食品加工廃棄物を家畜の飼料に置き換える試みも行なわれている。近隣の工業団地に進出した飲料工場から食品加工廃棄物として排出されるさまざまな植物繊維が混ざる大量の搾り粕や豆腐粕などの有効利用が考えられていた。富士開拓農業協同組合は食品会社と飼料会社と協力し、農協オリジナルＴＭＲ飼料の製造に取り組んだ。現在、この飼料は資源の再利用を目的とし、組合員に安価（二八円／kg）で供給され、月産一〇〇〇ｔのＴＭＲ飼料が製造できる工場が稼動している。地域から出る食品廃棄物が飼料に変わり、それを食べた家畜の糞尿がこの地域の土を肥沃にしていく。さらに将来的には、地域の生ゴミなども堆肥化し、地域住民と協力して循環型の生活環境を創成することも検討している。

7　放牧にこだわる家畜管理

乳牛の放牧のメリットは、労働の省力化、乳量の増加および放牧地が天然の飼料倉庫となるなど、多くのことが期待されている。なかでも富士ミルクランドの有機の里づくりが求める放牧へのこだわりは、とくに家畜の健康に重点をおいている。それは健康的に飼われている家畜でしか安全でおいしい畜産物は生産されるはずがないということを生産者としての信条にしているからである。地域では約二〇戸の酪農家が朝霧放牧研究会を発足させ、家畜の環境、福祉を重視した放牧管理を組織的に実践している。

中島邦造、宮島富士夫両牧場(2)によるあさぎり放牧牛乳の取組みは、「土—草—牛」の見直しから始まった。家畜にやさしい「放牧」体系を取り込むことにより、おいしくて安心して飲める牛乳生産を目指している。コーデックス国際有機畜産ガイドライン、ＥＵ有機畜産規則に共通するオーガニックミルクの定義およびＲＡＤＩＸ環境保全生産基準を模範にしながら基準づくりを行ない、平成十年、富士ミルクランドから朝霧高原の有機ブランドとしてノンホモ低温殺菌「富士あさぎり高原放牧牛乳」の販売が始まった。家畜の健康に配慮した生産システムの導入、家畜に優しい舎飼いシステムなど飼育環境を整備し、減農薬、ポストハーベスト無農薬、非遺伝子組換えなど、農家としてできるかぎりの安全性を追求した飼料を給与し、オーガニックミルク生産への挑戦を行なってきた。販売される牛乳はノンホモ、六五℃三〇分パスチャライズ、リターナブルの九〇〇㎖ガラスビン入りを基本とし、さらに放牧牛乳を使用した乳製品の開発も行ない、安定剤、香料、着色料等の添加物をいっさい使わないアイスクリーム、ヨーグルトの製造も行なっている。現在では、東京、神奈川、名古屋などの消費者が牧場を視察し、生産者と消費者との間に顔の見える関係を築き、販売を展開している。その仲介の役目を富士開拓農業協同組合が担っているのである。

また、富士ミルクランドの有機の里づくりは酪農を主産業と位置づけ、さらに地域からさまざまな有機農産物を都市住民に供給できる産地の形成を考えている。その取組みの一つが、松沢文人牧場(3)が生産する富士朝霧高原放牧豚である。豚にストレスをかけずに健康に育てるために豚舎での密飼いをいっさいせず、一頭二〇坪の広さを確保し自然の中に完全放牧する。抗生物質の投与に頼らない飼育管理と、ポストハーベスト無農薬・非遺伝子組換え飼料を給与する。牧区は一回三か月間飼養した後、三か月間牧草を栽培するなど、輪換型の飼育体系にもこだわっている。十分な運動とストレスの少ない環境により、肉質は豚肉本来のうま味があり、無駄な脂身のないものに育てる。この放牧豚は精肉販売のほか、天然素材だけを使用して製造する無添加加工品としても流通している。

8　販売・流通網の拡大と地域への展開

有機の里づくりは、農家、加工業者、流通業者、都市住民とともにつくり上げる地域活性化運動として始まった。農協独自の産直販売のほか、さまざまな流通経路で販売されている。

富士朝霧高原の放牧豚

富士ミルクランドの直売所には、地域食材供給施設と平成十一年に新設されたファーマーズマーケットがある。地域食材供給施設は、富士宮市の特産品を販売する地域産品の直売所であり、富士宮市全体の活性化を図るとともに有機農業の重要性を消費者に啓蒙する目的で設置された。この施設にはスローフード運動の要素を取り入れた体験型レストランが併設され、この地域で有機農業により生産された食材を活かした料理を食することができる。ファーマーズマーケットでは地域性を活かすため、放牧牛乳、それを加工した乳製品のほか、地元農家が生産した無農薬有機野菜などのオーガニック食品、放牧豚を使用した加工品などを販売している。また、朝市の販売方法も取り入れ、地域の高齢者、婦人たちの新たな生きがいの場となった。この施設設置後の平成十一年度には来場者は前年度対比二万七〇〇〇人増、売上高は二五〇〇万円増と急増している。

富士ミルクランドは、産地の取組みを身近な地域消費者に広く伝え、地産地消を周知するために地元の基盤づくりを先行させ、地域宅配による販売を強化している。また、地元以外の販売先として富士朝霧高原有機農業経済振興会の流通により、東京、神奈川、名古屋などの大都市の消費者団体、オーガニック・マーケット、直販店、宅配を通じて朝霧高原産の有機農畜産物が会員に届けられている。

9　今後の課題と事業展開

大量生産、大量消費の現代社会において、輸送手段の飛躍的な発達や食の外部化の急進により、「食」と「農」の距離が拡大し消費者と生産者との間に断絶が起こっている。このような背景のなかにあっても主婦を中心とした「食」の大切さを唱える消費者は着実に増え続けている。安全で環境に配慮した農畜産物が求められるようになり、販売高は順調に推移している。全国的にも有機農畜産物、有機食品の供給が不足し、さらなる生産量の増大が消費者から求められている。富士ミルクランドも有機の里づくり事業を展開し一〇年が経過したが、西富士開拓地域における有機農畜産物の生産量は消費者が要求する需要量まで達していないのが現状である。その理由は、有機認証取得の難しさ、コストアップに見合う安定的なプレミアム付加が困難であることなどにより、特定の農家に有機農畜産物生産が限定されているからである。また、家畜の福祉を重視する有機畜産の確立、有機食品の認証制度と食品安全システムとの結合など販売面においても多くの問題点があげられる。今後も西富士開拓地域が酪農専業地帯として経営を継続していくためには、有機農業の考え方をできるかぎり展開し消費者と生産者が「農場から食卓まで」の関係を構築し、協調しながら事業をすすめることが必要と考える。また、消費者の「食」に対する信頼を確保しながら、販売先を首都圏など大消費地も視野に入れ、有機農畜産物の生産量を増大させ、地域の経済振興を図ることも重要である。

富士開拓農業協同組合は肥大化した組織ではなく、酪農専門農協として地域に密着し、地産地消の考え方や生産者と消費者の要望に応えていることが評価されている。そのことが国をはじめ県、市などの行政支援、指導を受け、富士ミルクランド事業を展開するに至ったのである。人的結合体である富士開拓農業協同組合は、さらに自助、民主、公正、連帯といった目線で、組合員の経済的・社会的・文化的な満足度を高める方策に知恵を出し、組合員が有機の里づくりに参画し利用しやすいような体制を築くことが望まれている。

富士開拓農協組合長宮澤賢次氏はこの有機の里づくりを次のように考えている。「西富士開拓地は、戦後若い開拓者たちが大きな夢とロマンを傾注して築き上げた静岡県最大の酪農地帯である。富士ミルクランドは、開拓者の二世や三世たちが、二一世紀の酪農業に夢をかけた農業農村活性化事業である」。二一世紀の「食」へのニーズは、間違いなく安全と健康を前提とした食と農の環が築かれ、その上においしさや楽しさが加わることである。日本の農業が再生し発展するための最も基本的で重要な道がここにあると考えている。

（1）中島邦造　乳牛一〇〇頭（搾乳牛八〇頭）を飼養し、日量二t、年間乳量八五〇tを生産している。現在、富士ミルクランドの主流商品であるあさぎり放牧牛乳として全量を販売している。開拓一世の中島富治夫妻から酪農を引き継ぎ、妻（淳子）、娘（由美子）夫妻、孫（萌子）の七人家族。富士あさぎり高原の夢と歴史が、世代を越えて受け継がれていく。

（2）宮島富士夫　乳牛八〇頭（搾乳牛五〇頭）を飼養し、日量一t、年間乳量三一〇tを生産している。中島邦造氏とともにあさぎり放牧牛乳として全量を販売している。

（3）松沢文人　両親の高齢化により平成九年八月、酪農経営から養豚経営に変更し、豚舎のない低コストの設備による完全放牧を実現させた。現在二ha（八区）の牧区に二五〇頭の放牧豚を飼養する。

10 株式会社を軸にしたネットワーク型経営で産直農業の発展〈山口・秋川牧園〉

四半世紀前の産直法人から発展―事業の概要―

秋川牧園は一九七二年に山口市で個人創業し、現在も本社と生産拠点をそこに置いている。

一九七九年に産直組織として秋川食品株式会社を設立、以後、生産者と役職員が主体的に出資して経営参加するネットワーク経営を創出し、九七年には農業分野で本邦初の株式公開をすることができた。

現在、秋川牧園の事業内容は別図ネットワークのとおりである。従業員約二〇〇名を擁し、外部の生産協力農場は約一〇〇軒に上り、鶏卵、牛乳、若どり、食肉、冷凍食品、無農薬・無化学肥料や有機栽培による農産物の野菜等、すべての食品を健康で安全に生産している。その目的を貫くためには自立健全経営が必要と考え、資本金七億一四一五万円のうち自己資本比率は五八％（十二年三月期）となっている。

秋川牧園単独の総売上金額は、畜産物やその加工品などの製品で約四〇億円、飼料や雛等の協力農家への販売も行ない、それを含めると約七〇億円となる。また、ネットワークグループ全体での売上はさらに大きくなる。

グループ力を活かした生産形態

鶏卵の生産は別会社の七農場で生産され、生産量は月額約五六〇ｔ。鶏肉は個人生産農家と法人経営を中心とする登録農家で年間一八〇ｔ。牛乳は農業生産法人「むつみ牧場」を含む四農場で生産し、ジャージー種とホルスタイン種の両方を採用している。加工はグループ内の有限会社秋川牛乳の牛乳工場で行ない、一〇〇％ビン牛乳リユースである。豚肉は黒豚を二農場で生産する。牛肉はホルスタインの肥育と黒毛和種の二種の生産となっている。冷凍食品は産直組織としては本格的で、冷凍食品協会の認定工場として直営工場が機能している。そこで畜産物を中心に、無農薬野菜等がアレンジされる。

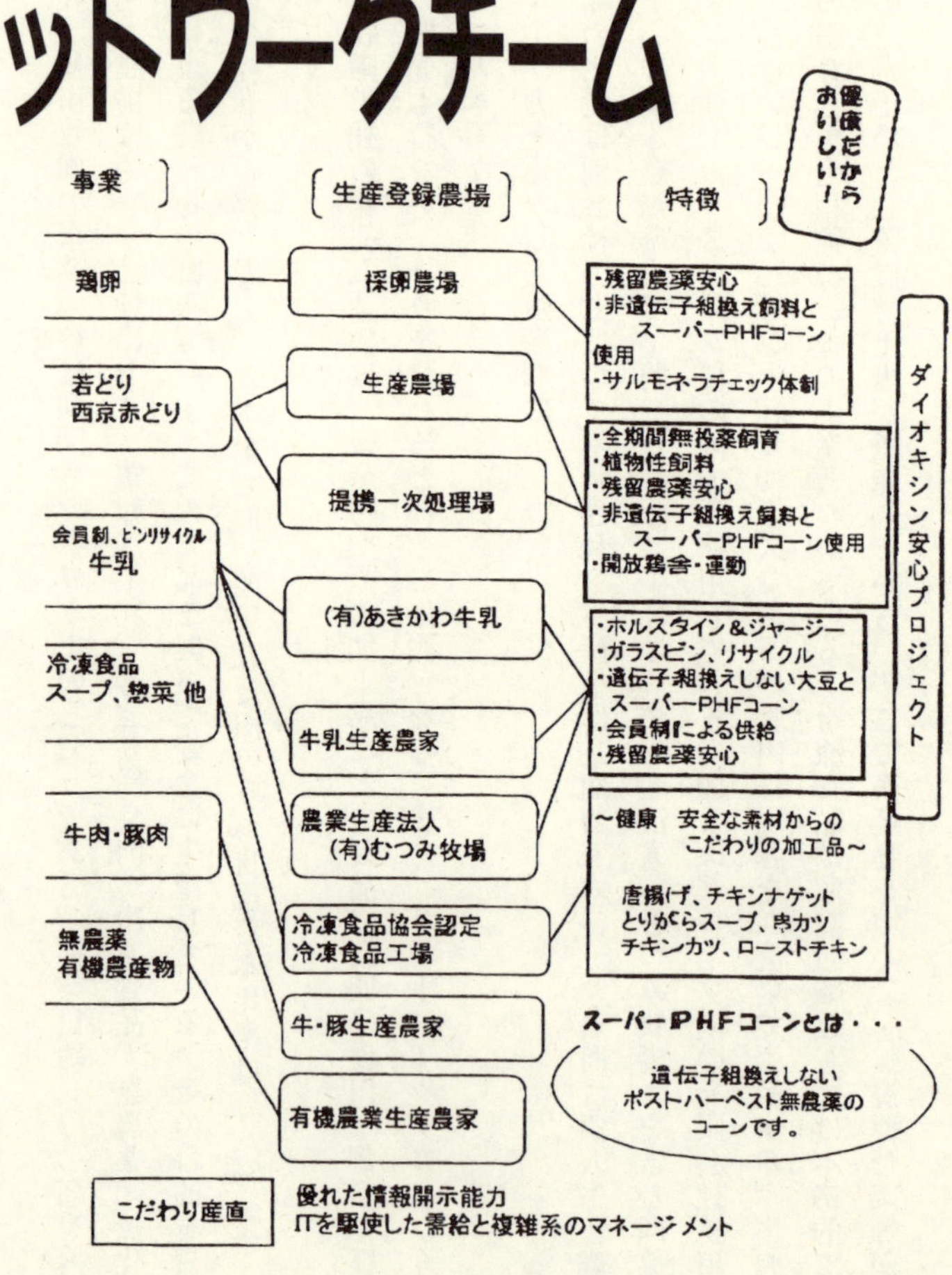
ットワークチーム
健康だからおいしい！
事業
生産登録農場
特徴
鶏卵
採卵農場
・残留農薬安心
・非遺伝子組換え飼料と
スーパーPHFコーン
使用
・サルモネラチェック体制
若どり
西京赤どり
生産農場
提携一次処理場
・全期間無投薬飼育
・植物性飼料
・残留農薬安心
・非遺伝子組換え飼料と
スーパーPHFコーン使用
・開放鶏舎・運動
会員制、ビンリサイクル
牛乳
(有)あきかわ牛乳
牛乳生産農家
農業生産法人
(有)むつみ牧場
・ホルスタイン＆ジャージー
・ガラスビン、リサイクル
・遺伝子組換えしない大豆と
スーパーPHFコーン
・会員制による供給
・残留農薬安心
ダイオキシン安心プロジェクト
冷凍食品
スープ、惣菜 他
冷凍食品協会認定
冷凍食品工場
〜健康　安全な素材からの
こだわりの加工品〜
唐揚げ、チキンナゲット
とりがらスープ、串カツ
チキンカツ、ローストチキン
牛肉・豚肉
牛・豚生産農家
無農薬
有機農産物
有機農業生産農家
スーパーPHFコーンとは・・・
遺伝子組換えしない
ポストハーベスト無農薬の
コーンです。
こだわり産直
優れた情報開示能力
ITを駆使した需給と複雑系のマネージメント

（『畜産の研究』第55巻1号より転載）

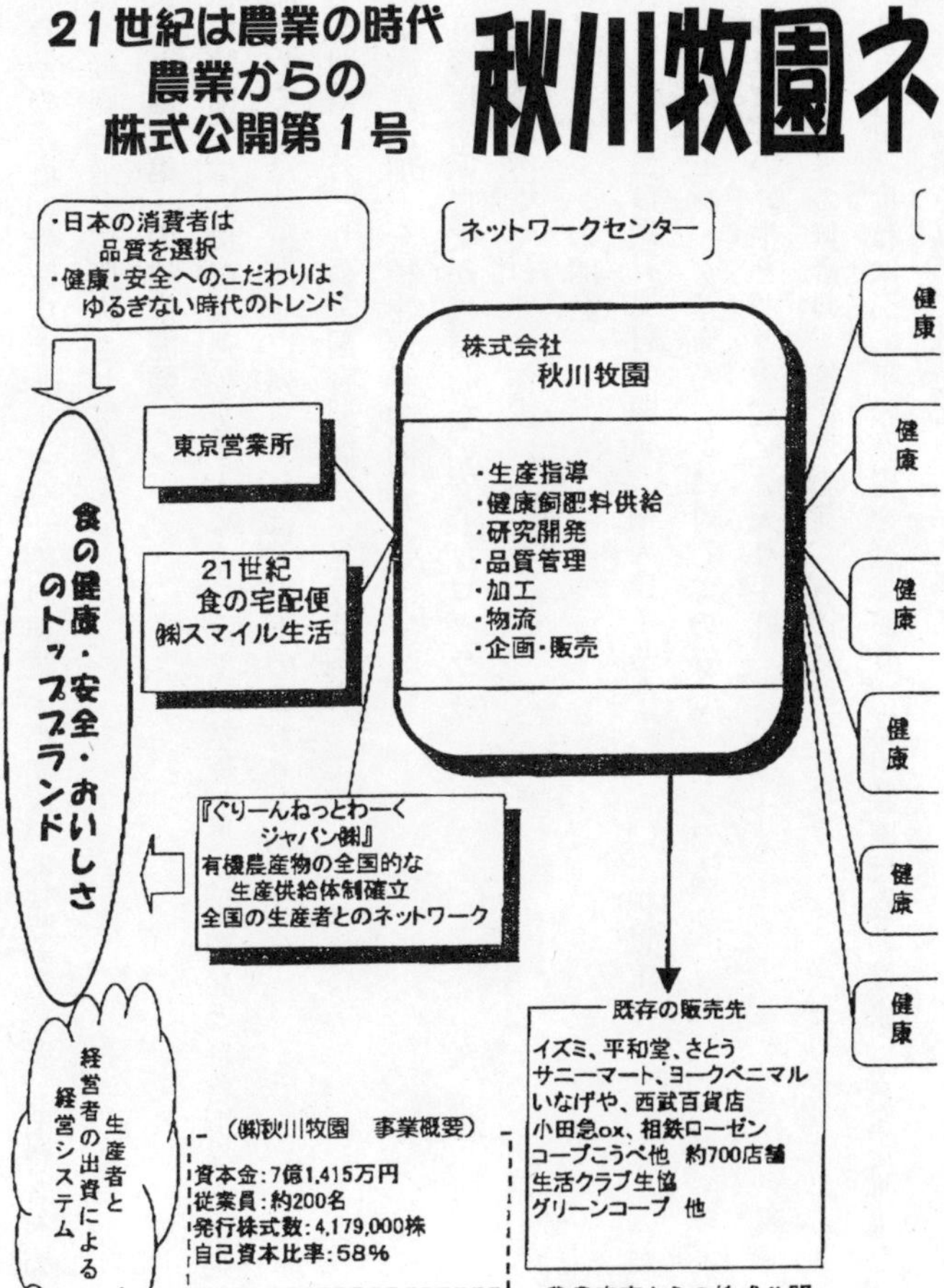
21世紀は農業の時代
農業からの
株式公開第1号
秋川牧園ネ
・日本の消費者は品質を選択
・健康・安全へのこだわりはゆるぎない時代のトレンド
ネットワークセンター
株式会社
秋川牧園
・生産指導
・健康飼肥料供給
・研究開発
・品質管理
・加工
・物流
・企画・販売
東京営業所
21世紀
食の宅配便
㈱スマイル生活
食の健康・安全・おいしさのトップブランド
『ぐりーんねっとわーくジャパン㈱』
有機農産物の全国的な生産供給体制確立
全国の生産者とのネットワーク
生産者と経営者の出資による経営システム
健康
健康
健康
健康
健康
健康
既存の販売先
イズミ、平和堂、さとう
サニーマート、ヨークベニマル
いなげや、西武百貨店
小田急ox、相鉄ローゼン
コープこうべ他　約700店舗
生活クラブ生協
グリーンコープ　他
（㈱秋川牧園　事業概要）
資本金：7億1,415万円
従業員：約200名
発行株式数：4,179,000株
自己資本比率：58%
・農業産直からの株式公開
・生産者と役職員で65%の株式を保有

販路については、一九七四年から地元山口における産消提携組織づくりから始まり、さらに生活協同組合との産直、量販店チェーン、一般の卸業・小売店、食品製造業者、消費者への直売など、多様な流通経路を通じて販売されている。

安全と健康第一の技術開発

秋川牧園では有機農業運動をすすめるなかで、積極的に技術開発と経営開発を推進してきた。当社で開発してきた技術開発を列挙すれば、以下のとおりである。

①採卵鶏と若どりの全飼育期間完全無投薬飼育
②油脂無添加、全植物飼料の開発
③有機塩素系農薬が残留しない安心プログラム
④世界農地汚染マップの作成
⑤ＰＨＦコーンの開発
⑥Ｎｏｎ-ＧＭＯ飼料原料の開発（輸入自主基準〇・〇〇一ppm以下）
⑦環境ホルモン・ダイオキシンに対しての安心プログラム
⑧全放牧式の乳牛とバッチ式ビン入り牛乳
⑨野菜、米等の無農薬、無化学肥料、有機栽培の推進

これらの積み重ねは三〇年の歴史を経ており、秋川牧園は食の健康・安全を推進し、さらにその事業としての価値を高めてきたと自負している。

関係者みんなの出資で当事者意識を高める経営システム

秋川牧園では成功例のなかった農業の企業化に突破口を開くため、新しい経営システムの開発に力を入れてきた。

もともと農業に関しては家族経営が基本だと思っているが、技術開発や営業活動などの面で限界がある。独立性と主体性を持った個人経営のよさを維持しながら、個人生産者が自発的・自主的に参加し、しかもスケールメリットを確保する仕組みをつくろうと試みてきた。このような発想は農協などにも見られるが、しかし協同組合は責任の所在が不明確になり、経営効率に支障をきたす場合がある。また、農家だけが組合員となり、組織で働く職員は組合員になれないので、一体感が薄くなる恐れもある。そこで、協同組合の欠点と家族経営の限界という問題を解決するには株式会社がよいと考えたのである。株式会社であれば農家だけでなく会社の職員も参加でき、すべての関係者が密接に結ばれた民主的な関係を構築できる。

こうして秋川牧園は一九九七年に株式公開を実現したわけだが、その経営の中心になっているのが、生産者と従業員の経営参加制度である。経営参加制度は経営上の重要な意思決定への参加と、パート職員まで含めて月三〇〇万円に達する出資参加に骨子がある。これにより、組織内のリスクとメリットが公正に再分配され、自発性と責任が自主的に機能してきた。秋川牧園が困難といわれた農業での株式公開を果たすことができた源泉は、このネットワーク型の経営システムに負うところが大きいと考えている。

今後の方向性

事業の今後の方向性は、次の二つに定めている。

①食の高度化と総合開発

②生活提案型の食の供給とブランドの確立

秋川牧園では当初は畜産を中心に卵、牛乳など、健康で安全な素材の開発に努力を傾けてきた。今後はさらに幅広く加工品（ヨーグルト、チーズ、生クリーム、食肉加工品、冷凍食品、惣菜、洋菓子類等）の開発に力を入れる。

もう一つの重要な課題として、無農薬無化学肥料野菜と有機野菜の量的安定供給を業界で初めて達成する五か年計画がある。そしてこれらを総合して生産から消費までをトータルマネージメントするフードシステムを、まず宅配事業「スマイル生活」から開始する。この宅配事業は広く全国を視野に入れており、フランチャイズを含めて会員一〇万、売上三六〇億円を将来の基本目標とし、この生産の半分以上を秋川牧園で担当する計画である。

トータリゼーション・フードシステムを目指してスタートする宅配事業

秋川牧園の宅配事業は、新しい食の流通の形を提案するものである。

戦後の大量生産と価格競争体質が食の本質を蝕んだ。食べ物が市場品として機能してきたことは、卵なら卵、キュウリならキュウリと、形が同じであれば同じというように、価格だけが競争条件となってきたのである。飼料の中身や薬の使用というようなことは評価には関係なかったのである。

今や、消費者は目覚め、食べ物を買うことのなかで、きちんと食という価値と内容を吟味するようになってきたのである。

このようになると、今まで単なる市場品として需要調整され流通していた農畜産物は今度は健康で安全な食べ物として生産され、消費者に届けられる。しかも最良の形で、情報開示を伴って消費者に届けられることが必要となる。この理想形が、はたして現在のように生産・消費・流通が分断している形のなかから生まれることができるであろうか。

この新しい理想が実現されるために一番大切なことは、生産者から消費者の間が、需給調整を含めてロスなく一貫してマネージメントされること、情報が十分に消費者に伝わることである。

秋川牧園は二一世紀に向け、この理想形を業界のモデルとして提案するため、新しい食の健康宅配便「スマイル生活」を資本金一億円で設立し、大阪圏からその事業展開を始めている。これは二一世紀型の食の形、新しい会員制の宅配事業の誕生を意味するものである。

また、二一世紀の農業や畜産のなかでITの役割が大きくなることは論を待たない。例えば、産直によるエコ畜産では、需給調整が重要な課題となる。かつては市場で需給調整が機能していたが、今では産直品が増加するなかで、需給調整は産直生産というクローズドのなかで基本的に解決できなければならない。そのためには、極めて精度の高い需給の予測システムが必要である。当社でもITを駆使し、天候、気温、季節、家畜の生産年齢サイクル等、すべてのシミュレーションのなかで高度の需給調整を進化させている。

11 有機養鶏の実践とワクチン卵内接種免疫研究開発

＜徳島・石井養鶏農業協同組合＞

1　日本有機食品産業発展への働きかけ

私は有機農畜産の普及を目指す有志とともに、農林水産省登録認定機関NPO日本オーガニック農産物協会（NOAPA）とNPO、IFOAM・ジャパンに設立当時から理事として関わってきた。スタートは一九九六年の国際有機農業運動連盟（IFOAM）世界・デンマーク大会への初参加であった。英国政府がBSEの人への感染の可能性を認めたために、英国民はパニックに陥っていたころである。また同年のNOAPAの設立では、畜産基準、認証制度づくりにも汗を流した。

海外からの有機食品がいずれ日本に大量に輸入される。そのときにどうするのか。その答えを求めて、それ以来、年数回海外に出かけた。インド、アルゼンチン、フィリピン、スイス、中国への会議出席と毎年の海外有機農場視察を通して、NOAPAとIFOAMの同志と世界を回り、有機農畜産の実態調査と有機食品の基準・検査認証制度の調査を行なった。

2　有機養鶏事業の展開

同時に、私が代表を務めるイシイフーズでは、オーガニックチキンの生産、処理、加工、流通、有機認証等を実践し、日本の有機養鶏実現に向けて努力を重ねてきた。

イシイフーズの有機養鶏

国内チキン産業の実情を知るためには、日本のブロイラー産業の特異性を認識する必要がある。一九九六年の統計によると、チキンの供給熱量自給率は七％（自給率六七・四％×飼料自給率一〇・六％）であった。現状では日本のブロイラー産業は海外からの雛の原種と飼料原料を輸入して商品を生産する「チキン飼育・加工業」である。最近は鶏肉の輸入が増え、国内生産羽数は一〇年以上前のピーク時から二〇％以上も減少した。今も国産チキンの生産羽数は毎年二〜三％の減少基調にある。日本で消費されるチキンは九〇％輸入に頼っている。つまり、チキン輸入と飼料原料輸入から成り立っているのである。

この流れに対して、国内チキン業界は銘柄鶏、地鶏、無投薬鶏等を生産し差別化を図ってきた。差別化はニワトリの地鶏の特定ＪＡＳ規格へと展開して、地鶏の生産方法については基準が定められた。品種（在来種五〇％以上）、飼育期間（八〇日以上）、飼育方法（二八日齢から平飼い）、飼育密度（二八日齢からm^2当たり一〇羽以下）などがその内容である。

日本のオーガニックチキンの歴史はまだ始まったばかりであるが、国内オーガニックチキン誕生はＮＯＡＰＡの貢献によるところが大きい。ＮＯＡＰＡの生産基準は世界基準を目指している。例えば、①最終飼料重量の八〇％はオーガニック認定されたものを用いる、②治療投薬された鶏は認定オーガニックとして販売できない、③鶏舎内坪羽数は三五羽以内で、運動可能な野外スペースを設ける、などである。ＥＵ基準にもひけをとらないが、唯一の問題点はオーガニック飼料生産である。現在オーガニック飼料は輸入に依存している。有機畜産の基本的考えは国産飼料による畜産飼育である。そこで、協会は国産オーガニック飼料穀物の調査および生産確保のための運動を展開している。

3　イシイフーズの有機養鶏の取組み

イシイフーズの有機養鶏の取組みは一九八九年に始まる。抗生物質を減らして鳥を飼育できないかという生産指導員の疑問からであった。その後、抗生物質なしの飼育管理技術と自然飼料イシイミックスの完成に五年間を要した。イシイミックスの目的は健康な鶏の体をつくり、育成率を上げることにある。鶏の死亡率が一般ブロイラーより低くなければ、何のための動物福祉かわからない。取組みの基本的な考えは、薬の不使用で鶏の育成率を一〇〇%に近づけることにある。そしてオーガニックチキン生産の勉強と開発にはさらに四年間を要した。

会社では海外オーガニック農場視察とオーガニック勉強会参加を積極的に行なった。方向性はフランスのボディン社から多くを学び、「目標はフランスのミニチュア版オーガニック農場づくり」へと発展した。一九九九年と二〇〇〇年の農場成績は育成率九七%、出荷日齢九〇日以上（平均九三日）、生鳥体重二・六kg等であり、フランス・ボディン社とよく似ている。鶏種は同じフランス産黒鶏プレノアールを使用している。通常ブロイラー生産は契約受注後生産するが、九八年生産はオーガニック生産技術ありきからスタートしたため、生産物は在庫になった。現在では生産物は順調に生協、自然食品店、宅配会社を通して消費者に提供できるようになった。オーガニックチキンの市場開拓には二年を要した。さらに、イシイフーズは食鳥業界初のISO9002認証取得準備を一九九八年から開始した（二〇〇〇年一月認証取得）。

現在のイシイフーズでは次のような養鶏の環境、条件が達成されている。

・鶏舎ならびに放飼環境

開放トンネル鶏舎を使用。放飼場は鶏舎に隣接して自由に出入りでき、鶏舎の二・五倍前後の面積である。鶏舎ならびに放飼場を含めた飼育スペースは、周囲を金網で覆い、上部には防鳥ネットを設けている。

・もと雛の導入等

国産ブロイラー（はりま種）の場合、種鳥を飼養し自家生産を行なっている。フランス産鶏（プレノアール種）の場合、導入先を特定し導入している。

自家生産の雛の場合、幼雛段階で動物薬（抗生物質等）を使用している。プレノアール種導入雛も動物薬（抗生物質等）を使用している。なお、導入雛がどのような動物薬を使用しているかは把握している。

・飼養している鶏（プレノアール種）について

黒鶏「プレノアール種」は優良鶏種であることを示す赤ラベルを貼付することをフランス農務省から許可されている。

・家畜排泄物（鶏糞）の処理

大半は鶏糞のまま無償譲渡している。一部堆肥化して販売している。

4　有機食品事業の展開

九〇年代以降、世界的な人畜共通感染症（狂牛病／ＢＳＥ、トリインフルエンザ、ニパウイルス等）発生に対する消費者の関心の高まりを受けて、家畜が何を食べ、どのような畜舎でいかに飼育されているか、つまり家畜の健康と福祉が真剣に問われている。とくにＢＳＥとトリインフルエンザは畜産業界関係者にとって改めて家畜と畜産物の安全と安心は何かと再考させられる起因となった。

イシイフーズは、地域農業環境保全と動物福祉を根底に据え、以上のような有機養鶏からさらに有機専門食品事業まで本格的に展開している。一九九六年に出会った有機ペットフード会社との取引、一九九八年には認定有機鶏肉の生産開始、一九九九年には有機ベビーフード会社との取引を開始した。そしてイシイ養鶏農業協同組合の有機食品事業のスローガン「チキンにも、ペットにも、人にも有機食品を」は、いつのまにか自然とつくられていった。

このスローガンは、チキンが少しでも有機飼料を（一九九八年開始）、ペットが有機フードを（一九九六年開始）、そして赤ちゃんが有機ベビーフードを（一九九九年開始）食べて、チキンがペットが、子どもが病気をせず薬に頼らないで健康に育ってほしいとの願いからである。また有機チキンは有機ペットフードの原料にも、有機チキンの鶏糞は有機農産物の肥料にも必要である。

有機食品専門事業の二本柱は①ワクチン卵内接種機・システム鶏舎（環境施設）と②有機鶏肉・有機ペットフード・有機ベビーフード（有機食品）である。

有機養鶏において、病気の予防と畜舎環境の改善は家畜の健康にとって大切なポイントである。鶏病予防のための鶏用ワクチン投与は、世界的には孵化場で鶏になる前の種卵に卵内接種機を使って行なうのが一般的である。わが社は一九九二年に米国の研究開発会社エンブレックス社と代理店契約をして、このワクチン卵内接種機導入開発をすすめてきた。二〇〇一年現在では、日本では一七台（採卵養鶏向け二台を除く）が稼動しており、市場シェアは約二五％と推測される。長期一〇年計画として、今後数名の獣医師を採用して、卵内接種とともにいろいろなワクチン導入、雄雌自動鑑別、遺伝子等養鶏のバイオ分野への研究開発に取り組むことにしている。

ワクチン卵内接種機は省力化よりも、むしろ飼育成績を向上させ、健康な鶏をつくることに狙いがある。日本での普及率も近い将来、ブロイラー輸出国アメリカ並み（八五％シェア）に高まると見込まれている。このことが鶏病対策になり、鶏舎環境改善へのステップアップにもつながる。

鶏舎環境は断熱カーテン、クーラーつき空調、給水・給餌システムの新規導入によって、ずいぶんと改善された。国内において今後、鶏舎のリフォームと新設は急速にすすむようだ。

目下、農林水産省では日本版の有機畜産指針をまとめようとしており、国内の畜産の流れも変わりつつある。今後も有機畜産の確立に力を尽くしたい。

[Ⅲ] Future Design

明日の有機畜産

第3章　ここまできた有機畜産ガイドラインと食品安全システム

1　ＥＵ有機畜産規則の形成

（1）ＥＵの有機農業政策の進展

ヨーロッパの農業は一九五七年に始まった共通農業政策ＣＡＰによって育成されてきた。当初のＥＵ共通農業政策（ＣＡＰ）の目的は①農業の生産性の向上、②農工間所得格差の是正、③市場の安定、④供給の安定、⑤農産物価格の安定であり、その当時は自然環境問題への対策は見られなかった。しかしながら、当初の目的が達成され、逆にこのＣＡＰによって農産物の過剰生産と農薬や家畜排泄物等による環境問題が発生したと反省されて、農業環境政策がＣＡＰの主要な柱へと変化した。一九九二年のＣＡＰ改革の目的は、ＥＵ農業の競争力の改善、市場の需給バランスの回復、環境負荷の小さい生産方法への転換の促進にある。

ＥＵ規則2078/92「環境保護と農村発展のための農法転換についての規則」による農業環境政策は、

①市場組織に関するルールにより引き起こされる変化に対応すること、②農業と環境に関するEUの政策目標の達成に貢献すること、③生産者に適正な所得を保証すること、の三つの目的を有している。その目的の一つである農業者への直接所得補償制度は、農業者の環境保全的活動に対する報奨金として支払われる政策である。農業者に課せられる具体的な環境保全的活動には、①化学肥料の削減、有機農業への転換、②粗放的農業、草地農業への転換、③飼料面積当たり家畜飼養頭数の削減、④自然環境保護、景観管理、絶滅危惧種の生物保護飼育、⑤荒廃農林地の管理、⑥二〇年以上の休耕地でのビオトープ管理、⑦市民へのレクリエーション利用地としての管理、などがある。

とくに有機農業に関しては、九一年六月二十四日に有機農業規則2092/91「農産物の有機的生産と有機農産物および有機食品材料の表示」が制定され、一九九九年には畜産物についての規則もつけ加えられた。

EU加盟各国はこの有機規則が制定される以前から有機農業振興策を実行しており、たとえばデンマークは一九八七年にすでにヨーロッパ最初の有機農業法を独自に定めた。またドイツはEU規則4115/88の粗放化プログラムを利用して有機農業を振興するとともに、とくに国内の三つの州ではEU規則866/90と関連して有機農業プロジェクトを独自に予算化してきた。その他、市場や加工に対する政策的支援もあり、デンマークなどでは有機農業マーケティング活動への補助、ドイツでは小規模な地域マーケティングネットワークの形成プロジェクトへの補助、オーストリアやイギリスでは一般の市場対策予算からの比較的高額な資金融資などである。

EU各国の有機農業への補助

	従前の補助開始年	理事会規則EEC2078/92に基づく補助			
		開始年	補助単価の設定	転換補助金	継続補助金
ベルギー		95年	作物別	有り	有り
デンマーク	87年	94年	一律＋加算	有り	有り
ドイツ	89年	94年	州別，作物別	有り	有り
ギリシャ		96年	作物別	有り	有り
スペイン		96年	地域別，作物別	有り	有り
フランス	92年	93年	地域別，作物別	有り	一部地域
アイルランド		94年	一律	有り	有り
イタリア		94年	地域別，作物別	有り	有り
ルクセンブルグ		98年	一律	有り	有り
オランダ		94年	作物別	有り	5年間
オーストリア	91年	95年	作物別，規模別	有り	有り
ポルトガル		94年	地域別	有り	有り
フィンランド	90年	95年	地域別	有り	有り
スウェーデン	89年	95年	作物別	有り	有り
イギリス		94年	作物別	有り	無し

出典）Nicolas Lampkin "The Policy and Regulatory Environment for Organic Farming in Europe" Hohenheim Univ., 1999.

ヨーロッパは、以上のようなＥＵ農業政策と各国の追加的支援によってさまざまな有機農業普及や有機食品流通のための振興体制が整備され、有機農業の普及拡大をすすめているのである。表はその直接的な有機農業補助に関する主な項目を国別にまとめたものである。

ＥＵの有機農業規則が制定される以前にすでに補助政策を持っていた国は、最も早い国がデンマークで八七年であり、その後ドイツ、スウェーデン、フィンランド、フランスが続いている。ＥＵの有機農業補助政策が施行された九四年に対応してほとんどの加盟国が補助事業を開始しており、しかしその補助金単価の設定方法は「作物別」の場合、「地域別」の場合、「規模別」の場合、「一律」の場合などと各国がそれぞれ独自に決定している。慣行農業から有機農業への転換補助金はすべての加盟国で適用されているが、有機農業に転換した有機農業者への継続補助金制度についてはイギリスでは採用されておらず、オランダでは五か年間の時限つきである。EU加盟国の中でオランダ、フランスの二か国だけが過去において転換補助金はまったくなかったが、現在では改善され充実する傾向にある。

さらに新しい政策ツールとして有機農業生産に対する付加価値税の免除制度なども検討されており、それによっていっそう有機農業への転換がすすむことが期待されている。

いずれにしろEUでは、今後ヨーロッパ市民の有機農業への期待が増大するなかで、農業環境政策の一環としての有機農業補助はさらに充実するだろう。

(2) 有機畜産規則の骨子

一九九一年六月二十四日に施行された「農産物の有機的生産と有機農産物及び有機食品材料の表示に関する規則（2092/91/EEC）」は、一九九五年六月三十日までに「有機家畜と有機畜産物並びに動物性材料が含まれた食品の生産原則と検査方法についての規則」をつけ加えることを規定していた。しかしEU加盟各国の地域性、気象条件、消費パターン、食習慣の違いを考慮しなければならないことから、一九九九年まで長い間ペンディングされていた。加盟国のなかでは、フランス（一九九二）、デンマーク（一九九一）、オーストリア、スペイン（一九九二）が独自の有機畜産についての法律ないし規則をつくって政策をすすめてきたが、その他の国はIFOAM（国際有機農業運動連盟・

International Federation of Organic Agriculture Movement）の基準を準用してきた。その後、一九九九年七月十九日になって、EU規則に「有機畜産の規則」が付け加わった。その「有機畜産の規則」の骨子は以下のとおりである。

—家畜生産は、耕地へ必要な有機資材と肥料を供給し、土壌改善と持続的農業に寄与する限りにおいて、有機農場に欠かせないものである。

—土壌や水への環境汚染を回避するために、有機畜産は土地と緊密な関係を持つことを原則とし、数年間にわたる輪作方式と農場内において生産された有機飼料で飼育されなければならない。

—河川地下水への糞尿汚染を回避するために糞尿の貯留と排出の適切な管理能力を持つべきである。

—遺伝子組換え作物を使用してはならない。

—家畜は有機農業の規則に従って生産された草と飼料作物と飼料材料で飼われなければならない。

—動物の健康管理は、適切な動物種と系統が選択され、バランスのとれた良質の食餌ととくに飼養密度、畜舎、飼い方などの良好な環境のもとになされるべきである。

—化学医薬品の投与は有機畜産では許されない。

—家畜は気象条件が許す限り適切な輪作が行なわれている牧場で放牧されるべきである。

—畜舎は、動物が自由に行動でき、仲間との自然な集団的行動を発展させることができるように、その換気、光、空間、快適で十分広い面積を持たねばならない。

—生産段階から輸送、屠畜段階に至るまで、家畜のストレスや痛み、病気、傷が最小限になるようにシスティマティックに管理されねばならない。

2 コーデックス有機畜産ガイドライン

世界レベルで有機食品の需要が高まったことから、有機農産物の広域流通を目指して一九九〇年よりＦＡＯとＷＨＯが合同で設立したコーデックス食品規格委員会では、カナダが事務局となり、有機農産物とその加工品の定義と認証基準ガイドラインの策定がスタートした。その対象は穀物や野菜などの植物および植物産品が中心であった。この植物産品とその加工品については一九九九年にガイドラインが採択されたが、一九九〇年代後半からは有機畜産物についても定義と認証基準が検討され、一九九九年には「有機畜産物の生産、加工、表示、及び販売に係わるガイドライン―家畜及び畜産物」原案（Ｓｔｅｐ６）を定め、その後二〇〇一年にこのガイドラインが公式に採択された。すなわち、「生物多様性、生物サイクル及び土壌生物活性を含む、農業生態系の健全さを推進し高めるような総合的生産管理システム」である有機農業は、植物および植物産品の作付け前最低二年間（果樹などは収穫前三年間）、ガイドラインで定められた資材以外の農薬、化学肥料等を使用しないという生産原則のもとで認定される。また、加工食品では原料の九五％以上を有機農産物としなければならないことが定められた。とくに注目されるのは、遺伝子操作・組換えされた生物ＧＥＯ（genetically engineering organism）、ＧＭＯ（genetically modified organism）から生産された原材料や産品は栽培および製造加工のどの段階でも認められないと決定されたことである。土壌の肥沃度と生物活性のための有機質投入に関連しては、畜産の副産物としての自給厩肥は有機畜産からのものでなくてはならないとされた。

今回、二〇〇一年七月の第23回コーデックス総会における有機畜産ガイドラインの採択で、畜産業を含む有機農業のシステムがトータルで定義されたことになる。このコーデックス有機畜産ガイドラインは、一般原則、家畜の源／由来、有機への転換、栄養、衛生管理、家畜の飼養方法、輸送および屠畜、畜舎構造、放牧地の条件、排泄物の管理、記録および個体識別の計五三項目について定めている。その要約的内容は以下のとおりである。

有機的な家畜飼養の基本は、土地、植物と家畜の調和のとれた結びつきを発展させること、および家畜の生理学的および行動学的要求を尊重することである。これは、有機的に栽培された良質な飼料の給与、適切な飼養密度、行動学的要求に応じた動物の飼養体系、およびストレスを最小限に抑え、動物の健康と福祉の増進、疾病の予防ならびに化学逆症療法の動物用医薬品（抗生物質を含む）の使用を避けるような管理方法を組み合わせることによって達成される。草食家畜は放牧草地と結びついていなければならない。家畜を有機農場と非有機農場の間で移動してはならない。

飼料は一〇〇％有機飼料を給与すべきとし、経過的措置として乾物重量ベースで反芻家畜では最低八五％、非反芻動物では最低八〇％を給与されていないと有機畜産の資格はない。動物由来飼料については、基本的には給与されるべきでないとし、ＢＳＥ発生の原因となった反芻動物に対する乳および乳製品以外の哺乳類由来物質の給与は認められないとしている。遺伝子操作／組換え生物を含む飼料も禁止されている。

人工授精は認められるものの、自然繁殖が望ましく、受精卵移植・遺伝子工学を用いた繁殖技術は禁止している。

このガイドラインのなかでとくに注目したいのは、動物の健康と福祉、つまりアニマルウェルフェアに関しての項目である。家畜の飼育は生き物への配慮と責任、尊厳のある姿勢でなされるべきであるとして、「除角、断尾、抜歯などを行なってはならない」「家畜の生育条件と環境管理においては、家畜の特殊な行動要求を考慮し、自由な日常生活ができ同じ種の動物仲間と一緒にいることができる環境、異常な行動やけが、病気の予防、家畜にとって必要十分な新鮮な空気と自然光、家畜の健康と活気を維持できる飼料と新鮮な水等が用意されていなければならない」「畜舎は、床は滑りやすくてはならず、全面を簀の子または格子構造としてはならない」「心地よく清潔で乾いた十分な広さの休息場所を有し、十分な乾いた敷き藁が敷かれていなければならない」「子牛は単房に入れてはならない」「家畜のつなぎ害は所管官庁の許可がない限り認めない」「すべての哺乳類は草地・放牧地にアクセスできなければならない」「家畜の輸送においては怪我や苦痛がないような静かでやさしい方法が採用されるべきである」「家畜の屠殺ではストレスと苦痛が最小限になるような方法がとられるべきである」等、誕生から屠畜されるまで事細かな項目が定められている。

ＷＴＯ加盟国はこのガイドラインを遵守するために「衛生植物検疫措置の適用に関する協定（ＳＰ

S)」を締結し、それに基づき自由貿易をすすめる義務がある。
有機畜産に関するコーデックスガイドラインとEU有機畜産規則の共通点を要約すると、①有機飼料の自給問題、②慣行的畜産から有機畜産への転換期間の問題、③アニマルウェルフェア重視の飼養・輸送・屠畜方式の問題、④遺伝子組換え飼料の問題、⑤放牧の問題、に大別される。

3 EUの食品安全システムの展開

1 EUにおける農業と食品産業の提携＝アグリフードシステム論の展開

(1) EUの農業と食品産業の提携＝アグリフードシステム形成の背景と現状

一九九〇年代以降のヨーロッパのアグリフードシステムの構造的変化は、第一に生産と流通チェーンの各段階での合併集中化、第二には食品加工製造業と小売業界の国際化、第三にプライベイトブランド食品の市場シェアの拡大、第四にアグリフードチェーンの各種段階における企業間のコラボレーション（事業提携）の強化、の四つに特徴づけることができる。

すなわち、小売業の合併がとくに北欧諸国ですすみ、オランダでは九八年の食品小売業四社のマーケットシェアは八二%にもなっている。合併は、生産者に対する取引交渉力の強化、プライベイトブランド食品の販売効率の高度化、宣伝技術開発の投資効率の高度化を目的としてすすめられている。フランス、イギリス、ドイツ、オランダにおけるこれらの小売業の合併は国際的な規模で行なわれている。(1)

また食品加工企業でも集中合併と国際化がすすんでおり、製糖業界が集中度のトップであるが、野菜加工業界ではユニリーバのような巨大な多国籍企業が新しい技術による新食品開発を多様なアグリフードチェーンの組織化によって実現させている。

垂直的アグリフードチェーンに参加する会社間におけるコラボレーション事業の拡大とその事業実現のためのコーディネーション（経営調整）が強化されており、その従来の垂直的経営統合ともいわれる垂直的コーディネーションがすすんでいる理由は、生産・加工・流通のチェーン全体における効率を高度化するためであり、とくに生鮮食品チェーンで要求される安全性と高品質をチェーン全体で保証するためである。食品のような商品の品質は、生産の初期段階での原材料（例えば種子）の選択から重要であり、農産物の生産方法、貯蔵方法、輸送状態、それに全過程に要する時間が品質を保証する大きな要因となるからである。

この垂直的コーディネーションをより発展させるためには、アグリフードチェーンにおける参加会社がチェーンの自分以外の各過程で行なわれている作業に関心を払い、かつ専門的な知識を持たねばならなくなる。すなわち垂直的情報交換 vertical information exchange が生産者、加工業者、小売業者の間で頻繁に行なわれることが重要となる。小売業者は農業生産者により詳細な消費者の購買行動情報を、一方農業者は小売業者に日常実践している農法の詳細情報を提供し合うのである。農業者はトレーサビリティに応えるためにも、品種の選択、農薬など使用植物保護剤の日時・散布方法・使用対象作物名・散布量、肥料の使用状況、灌漑方法、耕起作業、収穫作業などのすべての農作業活動の記録を行なうことが必要となっている。

(2) アグリフードシステム論の動向

農業と食品産業（食品製造業＋食品流通業）の提携を対象とするアグリフードシステム論の形成は一九九〇年代に入ってからである。一九九〇年代以降のEUの食品産業研究にはこのアグリフードチェーンやアグリフードシステムという用語が頻繁に使用されるようになった。アグリフードチェーンとは「農場から食卓まで」を担う農業生産者から消費者に至るすべての主体の連鎖である。

一九九〇年代に入ってからの食品開発競争は、従来型の「個別の企業対企業の競争」ですすめるというよりむしろ、アグリフードチェーンの「チェーン対チェーンの競争」という色彩を強めてきている。生産現場から小売までの全過程を管理してゆかないと消費者ニーズに対応できる安全・安心かつ質の高い食品の供給は困難だからである。従来の川下から川上に食品の流通システムをとらえる視点が強いフードシステム論から、農業生産過程における安全性や環境保全、家畜福祉などを評価する消費者の意識と購買行動を重視するチェーン開発が進展してきているためである。アグリフードとして農業食料再生産システムを再構築する必要性が出てきたのである。
消費者の食品に対する意識を根本的に覆したのは、ＢＳＥ（牛海綿状脳症、いわゆる狂牛病）である。ＢＳＥの発生は、消費者の食に対する認識を根本的に変えつつある。そのため、食品に対しては何よりも安全で品質が高く、環境にも優しい食料品を求めるようになってきた。有機農産物に対する関心がその典型である。家畜の病気に対しては、加工型畜産の弊害によるものであるとの認識が年々強くなり、有機畜産や動物福祉に関する関心も高まってきている。このように消費者意識の高まりや消費者ニーズの多様化が、従来とは異なるいくつもの価値を持った食料品群を求めている[2]。

行政としてもこうした消費者ニーズへの対応が重要課題になってきており、イギリスでは食品基準庁、フランスでは食品衛生安全庁の新設、ドイツでは農業省がより消費者重視の消費者保護食料農業省へと改変し、ＥＵは二〇〇〇年の「食品安全白書」に基づき欧州食品安全機構（European Food Safety Authority）を二〇〇二年一月に設立した。

アグリフードチェーンにおける食品安全管理システムの開発が最も当てはまる部門は有機農業[3]である。ＥＵにおける有機農業に関する安全管理システムの法的整備は、有機農業規則2092/91「農産物の有機的生産と有機農産物および有機食品材料の表示」が一九九一年に制定され、一九九九年には畜産物についての規則も付け加えられた。ＥＵ加盟各国はこの法律に基づいて国内法と市場整備をすすめている。財政的にも農業環境規則のもとで有機農業に対する各種支援がなされており、この支援によって有機農業に転換する生産者が急速に増加し、多様な有機アグリフードチェーンが形成されている。

アグリフードチェーンの開発には、①農業生産に関連する分野（資材、機械、農薬・化学肥料、種苗）、②食品加工メーカー、③流通事業者、④小売業、⑤フードサービス等の各主体が商品開発企画から事業提携し、チェーンを組む。このチェーンを組む主体の範囲が極めて広範囲であることから、この広い範囲を包含する用語として、従来の「フードチェーン」や「フードシステム」よりも「アグリフードチェーン」のほうが適切なものとして使用されているのである。

このアグリフードチェーンに政府の政策、財政的支援、社会基盤整備等を含むグローバルな視点からの「農場から食卓まで」のシステム概念が、アグリフードシステムである。このアグリフードシステムには消費段階の消費者主体も包含される。

ヨーロッパではこのアグリフードチェーン開発研究が盛んに行なわれているので[4]、その事例を次に取り上げることにする。

(3) EUにおけるアグリフードチェーン開発研究の進展

コンサートアクション「農業・関連産業研究プログラム基金（AAIR）」の設立

EUの食品産業は、一九九二年の市場統合により、著しい構造変化を起こしている。またWTO体制下において国際競争力を強化するためEU委員会および加盟各国は、市場戦略対策をとる必要性に迫られており、とくに産学協同によるアグリフードチェーンの開発・研究（R&D）を支援する政策を強化している。

そのため、一九九四年にEU委員会はアグリフードシステムの研究・開発（R&D）を専門とする研究者のネットワークづくりを支援する補助事業を開始した。この一三か国一七チームからなるネットワークはコンサートアクションと呼ばれ、EU委員会は「農業・関連産業研究プログラム基金AAIR（Agriculture and Agro-Industrial Research Programme）」を設立した。AAIRの主たる目的は、加盟各国の共同負担による新しい研究事業への補助と、研究者のネットワークづくりへの経費補助による共同研究の育成の二つである。とくにこのネットワークづくりで目指したのは、研究者の共同研究の育成、重複研究の回避（無駄なコストの削減）、研究テーマの中にEU地域の重要性を位置づける、ネットワーク参加研究者の成果を高めること等であった。このコンサートアクション参加国はベルギー、デンマーク、フィンランド、フランス、ドイツ、ギリシャ、イタリア、オランダ、ポルトガル、スペイン、スウェーデン、イギリス、アイルランドの一三か国であり、二二人の大学の経済学者、ビジネススクールの研究者で構成されている。プロジェクトコーディネーターはトレイルBruce Trailレディング大学教授である。このコンサートアクションの共同研究テーマは「ヨーロッパ食品産業の構造変化」である。

こうした共同研究テーマの背景には、ヨーロッパ内の最も大きな変化としてヨーロッパ単一市場の誕生があり、またそれに伴う共通農業政策CAP改革があった。外的要因としてはGATT後のWTO自由貿易体制で市場競争力を強化しなければ生き残れないという強い危機感が存在している。EU

の食品産業を分析する具体的な視点には①小売業界の変化、②食品加工業の市場戦略、③消費者需要の変化に主眼をおき、共通する研究視点として企業規模別（零細、小、中、大、多国籍）・セクター別（第一次加工、第二次加工産業）・ブランド別（NB、PB）ニッチ経営戦略が設定され、EU全体の分析、ついでEU加盟国別に分析し、二六の論文として報告されている[5]。

EUのなかでもオランダやイギリスでは、具体的なアグリフードチェーンの開発研究（R&D）が一九九〇年代から急速にすすめられている。元来オランダやイギリスには、アグリフードチェーンの研究がすすむ下地がある。オランダでは、輸入飼料依存の加工型畜産、温室ハウス栽培部門などのEUの平均的農業生産性の二倍以上の高い集約的農業と、それと結合する食品加工企業、EUをリードするロジスティック体制が発展しているからである。イギリスにはEUのなかで最も多くの食品関連の多国籍企業が存在しており、またオランダの企業との合併会社が多い。

オランダ農業チェーン技術開発財団AKK
(Agro keten Kennis, ACC Agri Chain Competence Foundation)

オランダでは、アグリフードチェーンの研究開発（R&D）を先駆的に実現するため一九九四年AKKが設立された。AKKはオランダ政府と事業契約関係にあるが、独立した企業主導型法人である。財源は三分の一は政府からの直接助成三〇〇〇万ギルダー（一五億円）、三分の一は企業出資、三分の一は第三セクターや研究機関からの間接的収入である。

AKKの事業目的はまず、第一にサプライチェーンの障害となっている諸問題の解析と競争力分析

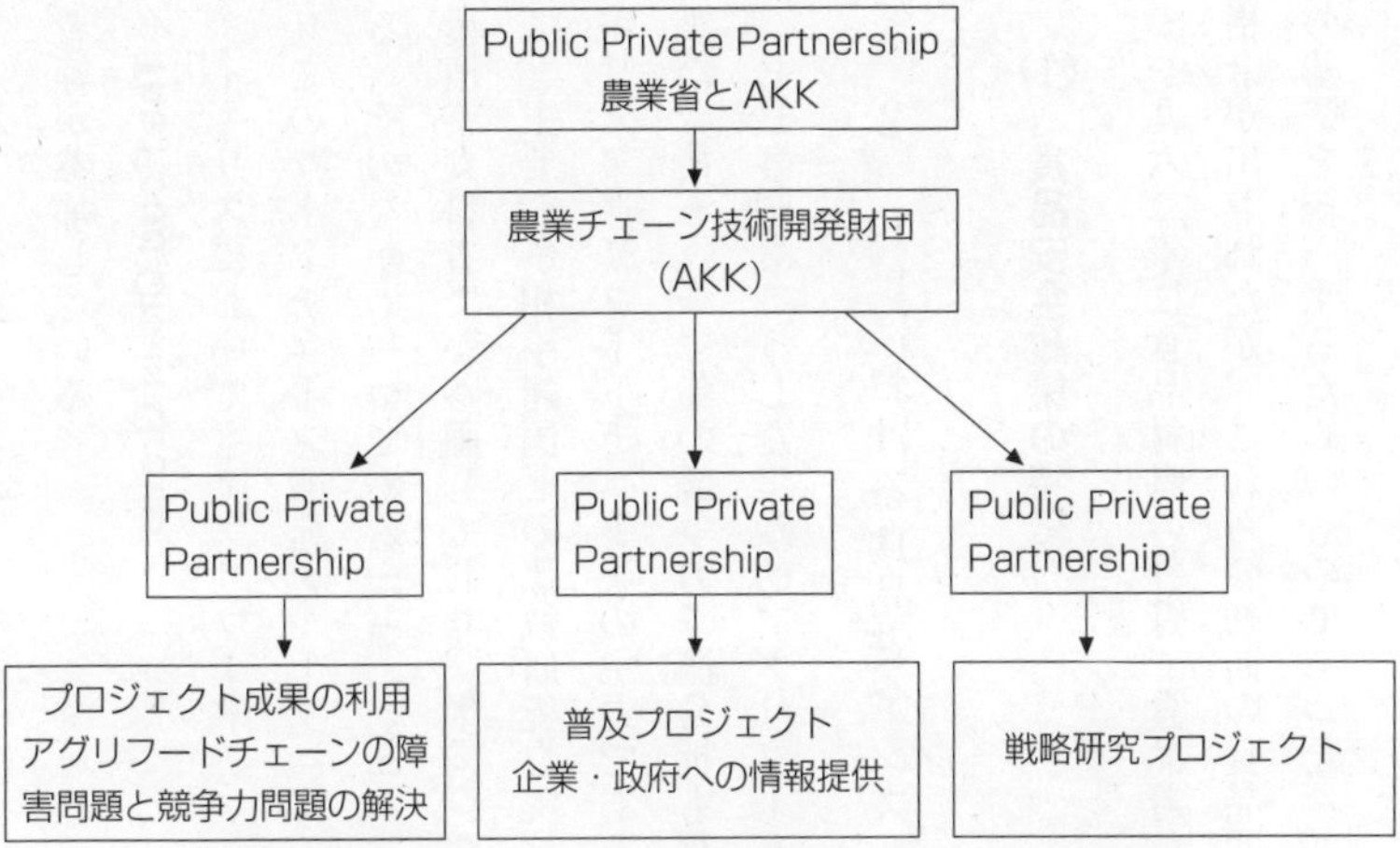

オランダ農業チェーン技術開発財団 AKK の事業概念図

注）オランダ農業チェーン技術開発財団 AKK ：Agro Keten Kennis (ACC Agri Chain Competence Foundation)

である。第二にチェーン開発実践による研究を六〇件のパイロットプロジェクト〝Public Private Partnership〟で進めている。そして、こうした研究成果の普及によって実際のアグリフードチェーン・アグリビジネスのマネジメント改善とサポートを行なうことにある。

　プロジェクトの実行体制は最低限、アグリフードチェーンに関係する二社以上の私企業と一人以上の大学・研究所の研究者が参加することである。AKKの実行組織体制は七つの部門チームから構成される。①野菜・果実チーム、②家禽・食肉チーム、③花卉園芸チーム、④穀物チーム、⑤乳製品チーム、⑥水産チーム、⑦食品産業チームの七部門である。このAKKの事業概念は図のようである。一九九六年では六〇プロジェクトに二七五企業とワーヘニンゲン大学および農業経済研究所（LEI-DLO）の研究

者等が参加している。(6)

The Food Chain Group

イギリスにおいてもアグリフードチェーン開発がすすめられている。一九九九年に開発されたイギリスのフードチェーン開発グループ The Food Chain Group は、多くの開発プロジェクトを持っている。そのなかの一つである IGD Food Project には一〇〇社以上の企業と環境食料・農村地域省（旧農漁業食料省）が参画しており、牛肉、鶏肉、乳製品、生鮮食料品、零細食品企業についてのイギリスと主要競争相手諸国との比較研究を実施している。とくにフードチェーンの成功例の要因分析やイギリスアグリフードチェーンの主力である牛肉、ラム、鶏肉、乳製品の生産コスト分析が中心である。また今後五～一〇年の競争力予測分析も行なっている。(7)

ＥＵ各国もこうした実践的アグリフードチェーンの研究開発システムを開始している。

2　ＥＵにおける食品安全システムの現状

(1)　食品安全政策の特徴

一九六二年に食品材料の分野で食品着色料についての最初の指令が制定され、次いで食品保存料の指令が出されたが、これらの初期の食品関連指令は域内での自由流通を促進するために加盟国の各々の基準を統一するためのものであった。この時代の食品に関する法令は「食品材料ごとの縦割りないし調理法別法令」と批判されていたが、一方で食品についての訴訟と裁判の判例（Casis de Dijon の判例が有名）が蓄積され、それが食品の安全性のガイドラインになっていった。

その後八〇年代以降になると、食品行政全体の体系化が求められるようになった。一九八五年には「ミニ食品白書」といわれた「食品材料についての委員会コミュニケーション」が発表され、そこでは委員会は原則的に食品別縦割り的な統一法令を制定しないこと、ＥＣ共同体の食品法の整備を①公衆衛生の保護、②消費者への情報開示および公衆衛生以外の側面からの消費者保護、③公正な商取引の目標、④政府管理の必要性、の四つについて検討することが取り上げられた。八〇年代では加盟国間に異なった基準があり、しかも食品業界における技術革新によって多種膨大な食品添加物が生産・流通されたからである。

また農産物の残留農薬や家畜への投薬剤、汚染物質、容器類の廃棄の問題などが発生したため、九〇年代に入ってからＥＣ委員会は新たな食品法体系の改善に着手するようになった。九五年にはＥＣ食品衛生の関連法令の簡素化のために二つの対策が打ち出された。一つは Molitor Report の公表、もう一つはＥＣ獣医衛生法の改正簡素化である。

九五年の Molitor Report はＥＣの法令体系の評価委員会によって作成されたものであるが、委員会は Molitor 委員長のほか一六名の独立した専門家で流通業と製造業界からの出身者で構成されていた。委員会は食品衛生に関する法令規則の簡素化について評価し、一六項目の改善点を指摘した。とくに委員会は特定製品についての縦割り的な法令をＨＡＣＣＰシステムの導入によるリスクアナリシスの採用によって簡素化ないし統合化することができると助言している。とくに食品衛生指令93/43/EECと縦割り的特定製品の衛生指令との相違を撤廃すべきとした。

以上のような食品法体系の各論的検討がなされてきたのであるが、EUの食品政策についての法的整備が本格化するのはEU連合条約であるアムステルダム条約（一九九七年制定、一九九九年五月一日施行）からといってよい(8)。それまでのEC法体系の中には、食品法は域内市場に関する条項（EC Treaty articles 100, 100A）と共通農業政策との関連で位置づけられていたにすぎなかった。

EUの食品安全政策の特徴を農業政策との関連でみると、ローマ条約第33条で規定されている共通農業政策CAPは周知のように農業生産性の増大と農工間所得格差の解消に主要な政策目的があり、食料消費者ないしその健康保護については政策上明白に位置づけられていない。そのような性格の共通農業政策のもとでも、食品衛生や獣医衛生条項の統一化のためにいくつかのEC指令が公布されてきた。例えばフレッシュミート指令91/497/EEC、食肉製品指令92/5/EEC、生きた家畜と家畜由来の製品の域内貿易に関する指令90/425/EEC、第三国から輸入される食品の獣医衛生検査に関する指令90675/EECなどがあるが、これらのCAPの法令は市場流通の促進のための食品衛生管理という性格が強いといえよう。

しかし、とくにBSE問題によってEU委員会は食品安全問題を最優先の政策課題におくことになり、一九九七年にEU委員会は「EUにおける食品法の総合原則に関するグリーンペーパー」を公表した。グリーンペーパー公表の主要なねらいは、食品材料に関する多くの問題点を取り上げ、それについての利害関係者の意見を採り入れることであり、委員会自身の諸問題についての見解は述べられなかった。グリーンペーパーが目指す食品法の目標は、①高い水準の公衆衛生、安全性、消費者の保護を確保すること、②域内市場の自由な流通を確保すること、③科学的証拠とリスク評価に基づいた法制度の確保、④ヨーロッパ企業の競争力の確保と輸出力の強化、⑤安全食品への第一義的責任は農業生産者、食品加工企業などの供給者にあること、またHACCPのような安全システムを採用するとともに、それを効率的な公共管理によって支援すること、⑥法的制度は包括的で合理的、一貫性があり、簡素化されており、利用者に便利で、関係者の間で十分論議されたものであること、の六つに設定された。

(2) 食品安全白書

グリーンペーパーによる論議が二〇〇〇年一月の「食品安全白書 White Paper on Food Safety」として結実することになる。

食品安全白書は9章からなっており、序章、第2章「食品安全の原則」、第3章「食品安全政策の基本要素：情報の集約と分析—科学的助言」、第4章「ヨーロッパ食品庁設置の方向」、第5章「法令化の見地」、第6章「管理」、第7章「消費者情報」、第8章「国際化」、第9章「結論」である。白書の最終的目標は、ヨーロッパの食品を消費する消費者の健康保護を最高の水準に持っていくことであり、その食品安全を「農場から食卓へ」の全過程において実現するために法令の改正と食品安全政策の確立をラディカルに行なうことにある。すなわち本稿でいうアグリフードチェーンの全過程において食品安全管理を可能にするシステムを政策・法令の整備を伴って開発していこうというねらいである。

その食品安全システムの原則は、第一に総合的・統合的であることが必要であり、「農場から食卓へ」のアグリフードチェーン全過程の管理、かつすべての食品セクターへ適用される横断的管理がなされることを意味している。しかもEU加盟国間のみならず、貿易対象国にも適用されるものである。

第二に、フードチェーンの主体者である飼料加工業者、農業者、食品加工業者には第一義的な食品安全についての責任があり、加盟国の行政専門家やEU委員会は彼らの社会的責任を監視し管理する役割がある。消費者もまた食品の適切な貯蔵と取扱い調理責任があることを自覚しなければならないという責任（responsibility）の原則をとなえている。

第三に、消費者の健康を保証するために食品、飼料、添加物の追跡可能性（traceability）の原則が重視されている。

第四に、食品政策は包括的で効果的かつダイナミックであることが重要であり、この政策の実行過程の透明性の徹底（transparent）の原則が必要であるとしている。

第五に、リスクアナリシスが食品安全政策の基本になければならないとしている。

第六に、リスクマネージメントにおいて予防的原則の適用が重要としている。

第七に、その他の考慮すべき点として、コーデックス規格のような国際協調問題、環境問題、アニマルウェルフェア問題、持続的農業問題、消費者の品質に関する期待や公正な情報問題、食品の品質の本質に係わる定義、生産過程の方法などをあげている。

以上のようなアグリフードシステムの各段階での安全管理のためにリスクアナリシスの方法を採用して、制度的にも「ヨーロッパ食品安全機構」を新たに設置することを提案している。

(3) 新しい食品規則とヨーロッパ食品安全機構EFSAの設立

食品安全白書の内容方針を基礎に二〇〇二年一月二十一日のEU農業大臣閣僚理事会によって〝食品法総合原則及びEFSA（European Food Safety Authority：二〇〇一年十二月十一日ヨーロッパ議会で旧EFAから名称変更）の設置、食品安全性問題の対策手続きを制定する「ヨーロッパ議会及び理事会規則（Regulation (EC) No.178/2002）」〞が決定した。

この新しい食品規則は、食品の共通定義を初めて確立すること、高い健康保護を保証するための食品法の指導的原則と目的を制定することである。

食品（ないし食品材料）は「加工、部分加工、非加工されたもの、あるいはその予定のもので、人間が適切に摂取することになっているあらゆる物質ないし製品」と定義されている。食品には飼料、食用として出荷されることのない生きた家畜、収穫前の作物、医薬用品、化粧品、タバコ、麻薬・催眠剤、残留汚染物質は含まれない。

またこの新しい食品規則で注目されるのは、高い水準の人間生活・健康・消費者利益の保護とともに、家畜の健康と福祉の保護、植物の健全な生育と環境の保護を謳っているところにある。食料のみならず家畜の飼料の安全性を管理することを重要な目的としているのである。

規則第2章の総合食品法（General Food Law）の「一般原則」には、「一般目的」とともに「リスクアナリシス」「予防的措置の原則」「消費者利益保護」の三つの原則がある。また、「透明性の原則」では食品法の審議や評価、改正などについての情報公開と市民からの意見参加などが定められている。同時に、人間と動物の健康への危険性を生じさせる食品や飼料についての適切な情報を公開することが定められている。

食品規則によって設立されたヨーロッパ食品安全機構は、あらゆる経済団体や行政から独立した科学的機関であり、食品と飼料の安全性に係わるヨーロッパ共同体の政策と法令整備に寄与するために、科学的助言と科学技術的サポートを与えることを使命としている。

食品安全機構の主要業務はEU委員会および加盟国へ食品安全についての科学的意見を与えることである。そのためにリスクアセスメント方法の開発を促進し、その成果によって食品安全システム上の役割、とくにリスクアナリシスのうちリスクアセスメントとリスクコミュニケーションを担うことになっている。先述したように、リスクアセスメントに基づきリスクマネージメントの責任を遂行する役割はEU委員会（健康と消費者保護総局）が持つべきという結論になったことで、食品安全機構の独立性と科学性が保証されたものになった。

安全機構は経営理事会 management board、機関長とスタッフ、審議会、科学委員会と小委員会の四つの部署で構成されている。機関長は公募による選出が行なわれ、執行体制の整備がなされた。ヨーロッパ食品安全機構には八つの科学小委員会が設置され、小委員会は公募選出と理事会指名の独立科学者によって構成される。小委員会には「食品の添加物、調味料、増量剤等問題」「家畜飼料に使用される添加物等問題」「植物保護、保護剤、残留問題」「遺伝子組換え問題」「健康食品、栄養、アレルギー問題」「伝達性海綿状脳症、牛海綿状脳症などの生物危機問題」「フードチェーン汚染問題」があるが、注目されるのは「動物の健康と福祉問題」科学小委員会があり、家畜、畜産食品と家畜飼料の生産・加工・流通・消費システムの各段階においてアニマルウェルフェア基準からの科学的検査がなされることになっている。

参考文献

（1）Floor Brouwer and W. J. J. Bijman "Dynamics in Crop Production, Agriculture and the Food Chain in Europe" LEI 2001.
（2）永松美希・松木洋一「欧米と日本におけるオーガニックミルクの現状と展望」『畜産の研究』第五四巻第一号～五五巻第三号、二〇〇〇～二〇〇一年
（3）FAO "Food Safety and Quality as Affected by Organic Farming" Twenty Second FAO Regional Conference for Europe, 2000.
（4）London University Wye College の Food Industry Management の Prof. David Hughes, Derek Ray, Andrew Fearne（Supply Chain Management の編集者）等が Agri Food System 論を展開

している。またオランダのWageningen Universityや農業経済研究所ＬＥＩの研究は後述するＡＫＫの実践的Agrifood Chain開発研究に取り組んでいる。

（5）Discussion Paper Series "Structural Change in the European Food Industires" EU AAIR Programme, 1995.

（6）"Summarised Annual Report 1995" Agri Chain Competence, 1996.

（7）UK MAFF "Working Together for the Food Chain-view from the Food Chain Group-", 1999.

（8）Marieke Lugt "Enforcing European and Narional Food Law in the Netherland and England" Koninklijke Vermande BV, 1999.

第4章　日本型有機畜産の発展のために

1　日本の家畜福祉に関する意識と法律・基準改正の論点

農家の軒先から姿を消した畜産動物

一九六〇年代ころまでは、牛、豚、鶏は農家の軒先などで飼育され、みんなの目の届く範囲で飼育されていた。しかし今、どこの農家に行っても、鶏でさえ庭に放し飼いにしているところはほとんどない。巷には肉料理や卵、乳製品があふれているのに、それを提供している動物たちの姿がまったく見えないのはどうしたことだろう。

動物たちはどのようなところで飼育され、屠殺され、加工され、流通に乗り、店頭から私たちの手元に届くのだろうか。ほとんど実態が不明な様子は、あたかもブラックボックスであるかのようだ。一般の消費者が、毎日自分たちが食べているもののオリジナルの姿を知らないということが、食の安全性への不安をかき立てる大きな要因の一つになっている。一方、生産者の側も、消費者の姿が直接目に見えないために、目先の経済的利益のことしか眼中になくなり、食の安全性という社会的責任を蔑ろにしてしまいがちとなる。

もし私たちが食の原点ともいうべき畜産動物の飼育の現場で行なわれていることを知ったら、驚くばかりか、疑問や憤りさえ感じるだろう。その知る機会は、まさにBSE（牛海綿状脳症・狂牛病）の発生によって与えられた。緑の牧場で青草を食べているはずの牛たちが、現実にはほとんど身動きもままならぬ牛舎に押し込められ、牛自身を含むさまざまな動物の残骸を粉末にして混ぜ合わせた肉骨粉を食べさせられていたなんて、それまで誰が知っていただろうか。

それは「不自然」の一語に尽きる。現代の集約型畜産における動物の飼育方法は、動物の生理や習性を無視したあまりの不自然さは、私たちに大きな不安と危機感を抱かせる。

集約型畜産の病理

今、日本で養鶏場を経営する農家は、数人の家族労働で平均して二万～三万羽もをケージ飼育している。一羽当たりの床スペースは二〇cm四方しかないという超過密状態に置かれる鶏たちは、ストレスからさまざまな異常行動を起こすようになる。過密からのストレスで、くちばしで仲間をつついたり、自分で自分の体をつつくのもその現われだ。

そのため養鶏産業では、何と雛のときにくちばしを切断する（熱で焼き切る）。流れ作業で片端から雛を捕まえ、切断機にかけていく。雛はくちばしが切断される瞬間目をつむり、身を縮める。舌まで切られたり、火傷が化膿して死ぬこともある。不揃いに切断され餌がうまくとれなくなる場合には再び切断される。

本来、鶏は固いくちばしでしきりに地面をつついて食べ物を摂取し、砂浴びをして体を清潔にする。その生来の欲求が阻害されると、飲水器やケージをつついたり、首を振り続けたり、羽をふるわせ鳴き続けるなどの異常行動を引き起こす。蒸し暑い夏など、鶏たちのストレスが限界に達し、鶏舎全体がパニック状態になって、多くがショック死してしまうこともある。

過密飼育には不衛生と不健康がつきものだ。一生身動きもままならないケージに監禁されているために、骨が弱くなり、肝臓病や癌、肺炎などの病気が蔓延する。抗生物質やワクチンの大量投与と伝染病の発生が繰り返される。この数年、サルモネラ菌の全国的な汚染が深刻な問題になっている。一九九八年十一月には、輸入鶏肉から抗生物質が効かないバンコマイシン耐性腸球菌（ＶＲＥ）が検出され感染者が発生、二〇〇二年九月六日には、輸入豚肉からも検出された。

豚も多頭・過密飼育のストレスのせいで仲間を傷つけたり、尻尾を食いちぎるといった異常行動を起こす。それを避けるため人はもっと広くて快適な豚舎をつくってやるのではなく、子豚のときに尻尾や犬歯を切断してしまう。

豚たちは、動物性廃棄物を含む濃厚飼料を与えられ、病的な肥満体にさせられる。「品種改良」と称して胴長の豚がつくり出されるが、あまりに重い体重をもはや四本の足が支えることができない。コンクリートの床が骨に衝撃を与え、立てなくなる豚も出ている。

集約飼育される豚たちは病気への抵抗力がない。多くの豚舎は窓もない密閉構造で、一般人の立入りを禁止している。人を介して豚舎に病原菌が入り込むことを恐れているのだ。一度、口蹄疫などの伝染病が発生すると、あっという間に広がり、すべての豚を処分しなければならなくなる。

伝染病対策として考え出されたのは、風通しのよい広い運動場を与えることではなく、密閉された滅菌室の中で子豚を帝王切開で取り出すことだ。陽光や通風、土や草を排除した人工的無菌室で育てた豚を「安全豚」という。温室で人工照明を当ててつくった化学肥料入り水耕栽培を「無農薬」野菜ともいう。食物の「安全性」は「不自然性」の代名詞となってしまった。

柔らかい子牛肉や霜降り肉のために、牛たちは狭い仕切りで拘束され、濃厚飼料を与えられる。完全な草食動物である牛にくず肉などの動物性タンパク質を与え無理な発育を促してきたことが、狂牛病などの信じ難い病気をつくり出している。

人が家畜に対して行なっている行為は、当然、消費者が口にする食べ物にすべてはねかえってくる。日本では一九六〇年代から急速に大規模集約型の畜産が広がり、畜産製品の消費量はうなぎ登りに増大してきた。しかしそれによって動物たちの生がいかに過酷に搾取されているか、またどのような環境問題を引き起こしているかについては、一般に知られていない。消費者は「安全性」を追求するだけではなく、動物の福祉と環境問題をあわせて考え、ライフスタイルを変えていくことが求められている。

畜産動物の福祉

たとえ食用にされる牛や豚、鶏といえども、われわれ人間と同じ哺乳類であり、それぞれの種による生理や習性は異なっても、生存のための基本的ニーズは共通している。すなわち、適宜な運動、くつろげるスペース、日光浴、通風、過度な日照りや風雨からの回避、虐待や肉体的暴力の拒否、病気の手当、それぞれの種に適した食べ物などといったことは、どの種の飼育においても必要不可欠である。

このように動物の成育に必要かつ十分なニーズを考慮し、その飼育方法と飼育環境の向上を図ることを、動物の福祉という。国際的に、動物の福祉は「五つの自由」という概念で定義されている。

1、飢えと渇き、栄養欠如からの自由
完全な健康と元気を保つために新鮮な水と食事が確保されること。

2、不快からの自由
避難場所と快適な休息場所を含む、適当な環境が確保されること。

3、痛み、傷害、病気からの自由
病気などの予防と迅速な診断および処置がなされること。

4、正常な行動ができる自由
動物が動くことのできる十分なスペース、適切な施設および同じ動物の仲間が確保されること。

5、恐怖や絶望からの自由
精神的苦痛を回避するための条件の確保。

一九九六年に横浜で開催された世界獣医師学会の大会では、この「五つの自由」がプリントされ配布されていたが、残念ながら、未だ日本の畜産業界にはほとんど普及していないと思われる。

日本の動物福祉に関する法律

飼育動物の保護に関わる唯一の法律が、「動物の愛護及び管理に関する法律」(動物愛護法)である。この法律は一九七三年に「動物の保護及び管理に関する法律」として制定された。当時、日本の国立大学における実験動物の取扱いが海外のメディアに紹介されて大きな批判を受けたことから、外圧で急遽制定された法律であるといわれる。そのため広く法律の必要性が論議され国民の理解と支持を受けてきたとは言い難く、長年の間、動物保護団体はこの法律は実効性のないザル法であるとして、その改正を求めてきた。折しも、一九九七年に神戸の連続児童殺傷事件を契機に、弱者への暴力という形をとって現われる動物虐待に対して、有効な法的対処を求める世論が急速に高まってきた。一九九八年、全国の動物愛護・保護団体が法律改正のための連絡会を結成し、以下の五項目をかかげた署名運動を展開した。

1、動物および動物虐待・遺棄の定義を明確にする。
2、罰則を強化する。
3、動物虐待等の調査、監視および適切な指導のための査察制度を設ける。
4、動物取扱業を許可制にする。
5、動物実験を許可制にし、民間人を含めた動物実験倫理委員会および査察制度を設ける。

この署名は草の根の運動で四〇万名以上が集まり、国会に請願するなどして、一九九九年十二月に、二八年ぶりに超党派の議員立法で法改正が行なわれた。

この法律が対象とする動物（愛護動物）は、人が占有・所有するすべての動物であるが、ただし哺乳類、鳥類、爬虫類に限定される。また、牛、馬、豚、めん羊、ヤギ、犬、猫、イエウサギ、鶏、イエバトおよびアヒルについては、占有・所有にかかわらず種として愛護の対象としている。このことは、牛、馬などの畜産動物こそ最も保護が必要な動物とみなされていることを意味している。残念ながら、この事実もまた一般にはあまり知られておらず、関連の業界も理解していない。

従来から動物虐待への対処が甘すぎるという批判を受けて、今回の法改正では動物虐待を三分類し、みだりな殺傷は懲役一年以下、罰金一〇〇万円以下とし、給餌給水を怠り衰弱させること等の虐待は罰金三〇万円以下、動物を遺棄することも三〇万円以下とするなど、罰則の大幅引き上げが行なわれた。

畜産の現場では、関節炎などで動物が立てなくなった場合に、給餌給水を行なわず脱水死、餓死させることがあるが、これはれっきとした動物虐待罪である。たとえ経済利用される動物であっても、その生命の尊厳に配慮すべきであることは、人としてのモラルでもあり責任でもある。

一方、今回の改正で初めて動物取扱業の届け出制が導入され、無届け業者には罰金が科せられることになった。さらに、業者の施設および動物の飼育管理の基準が設けられ、基準の遵守状況等について行政が立ち入り調査を行ない、基準違反に対しては改善勧告、命令を出すことができることになった。この動物取扱業の届け出義務から、実験動物、産業動物の取扱業が除外されたことが、今後の大きな課題となっている。届け出制は実態把握の手段にすぎず、除外された業種については実態を調べる手段さえないからである。

動物実験や畜産の現場においても、意図するとしないとにかかわらず動物への不適な取扱いや虐待行為がなされており、第三者機関や市民による監視がなされなければならない。日本には、実験動物、畜産動物の保護のための法律は動物愛護法以外に存在せず、動物保護の法制度は非常に不十分である。一九九九年の法改正では市民が求めてきた事柄の大半は達成されていないことから、施行後五年を目途に見直しをすることが附則として付けられた。抜本的な改正が望まれる。

産業動物の飼養及び保管に関する基準の改正

動物愛護法に基づいて、動物の飼育者等が守るべき基準が定められている。初めに犬及びねこの飼養及び保管に関する基準（一九七五）が制定され、続いて展示動物の基準（一九七六）、実験動物の基準（一九七六）、産業動物の基準（一九八七）、動物の処分方法に関する指針（一九九五）が定められた。一九九九年の法改正に伴い、動物取扱業者に関わる飼養施設の構造及び動物の管理の方法等に関する基準（二〇〇〇）が加えられた。その後、これらの基準の改訂作業が行なわれつつあり、犬及びねこの飼養基準が「家庭動物等の飼養及び保管に関する基準」として二〇〇二年三月に大幅改正され、以後、実験動物、展示動物、産業動物の基準が改正される予定である。

産業動物の飼養保管の基準は四つの基準のなかで最も遅い一九八七年に制定された。この当時、英国ではすでに狂牛病が発生している。EU諸国では大規模畜産がもたらす家畜のストレスと病気について大きな懸念が表明され、一九七六年には集約畜産目的で飼育される動物の保護のための欧州協定が締結され、一九七八年にはEU法が制定された。一九八八年にはバタリーケージの養鶏場の最低基準を、一九一年には養豚場における豚の飼育の最低基準を設けた。一九八六年には動物実験における動物の保護を、八八年には屠殺の方法および屠殺場への立ち入り調査を定めている。

これに比して、日本のこの基準はいかにも時代遅れである。一般原則として「管理者及び飼養者は、産業動物の生理、生態、習性等を理解し、かつ、愛情をもって飼養するように努める」とされているが、その具体的な方法は本文中では何一つ記されていない。記されているのは、衛生管理、疾病予防、危害防止、排泄物の処理、騒音の防止であり、管理項目のみである。この基準には、動物の健康と福祉の概念は完全に欠落している。畜産動物の健康と福祉の向上は、人の健康や生活環境の改善と深く結びついているにもかかわらず、そのような観点もみられない。そもそも、動物愛護法に基づく基準が定められていることさえ周知徹底されていないのではないか。

動物の福祉は、その種の本来の生理、生態、習性に基づいた行動学的視点に立ち、施設の構造の設計や飼育方法の改善を行なうべきである。すでに、動物取扱業における施設基準（二〇〇〇）において、十分なスペースの確保、排泄場の設置、温度と通風および明るさの確保、過度なストレスを与えないことなどが定められている。この法律はすべての飼育動物を対象としており、畜産動物だけは例外的にこれらを無視してもよいというものでもない。今後、動物の行動学的知見に基づく福祉の向上を取り入れた基準として、抜本改正されなければならない。

まず情報の普及から

効率追求を最優先する経済が生き物を対象とするとき、どれほど動物が過酷に搾取され病気を蔓延させることになるか、日本でも私たちは狂牛病の発生を教訓として知ることになった。そして結局そのツケは全部消費者に回っているということに多くの人々が気づきつつある。

経済効率追求が資本主義社会の原理であるとしても、それが生命や環境を脅かすものとなった場合は、別の経済原理を導入しなければ解決できないと思われる。

安さと見てくれだけを選んでいるかに見える消費者も、自分たちが毎日摂取している食べ物についての情報が容易に得られるならば、少なくともそれ以外の価値基準で選択するようになる。遺伝子組換え農作物や食品の表示を求める動機も、私たちに選択の機会を与えよということに他ならない。

ＥＵ諸国で有機畜産に国が補助金を出しているのも、有機農産物に家畜の福祉という基準を導入しようとしているのも、消費者の運動が原動力となっている。消費者である国民が現代畜産の病根を理解しなければ、変革の気運は生まれようがない。情報公開と政策決定への幅広い市民参加が、これからの社会には必要不可欠である。

畜産動物の福祉の向上は、当然のことながら、安全でよりよい品質のものを少量消費するという傾向になる。真実を知れば、いくら価格が安くても、自分の健康や命を犠牲にしてまでも粗悪で不安なものを食べようとする人は少ない。

日本で毎年殺される鶏の数は約八億（飼育数三億）羽、豚は約二〇〇〇万（飼育数一億五〇〇〇万）

頭、牛は一五〇万（飼育数五〇〇万）頭。これらの動物に食べさせる飼料用穀物の輸入量は一九九六年度で一六五五六万t。自給率一〇〇%の米の約一・五倍になる。

日本の家畜が海外で生産される一億人分もの穀物を消費しているのだとしたら、これを半減させれば、世界で飢餓線上にある数千万の人を救うことができるだろう。

一方、牧草地や耕地の拡大のための森林伐採が、野生生物の生息地を奪い種を絶滅に追いやってきたことも考えなければならない。単一品種による牧草地の増大は、自然の生態系と生物の多様性を消失させる原因ともなっている。これ以上の草地の拡大は望めない。

動物の福祉の向上、穀物飼料からその土地に生えている粗飼料への転換、生物多様性に配慮した放牧、畜産廃棄物の処理のコスト等を考えるとき、従来型の大量生産、大量消費の畜産は限界に達していることがわかる。今こそ、環境への負荷の少ない、人と動物の健康と福祉の増進にも寄与する新しい農業のあり方に向けて、分野を越えた社会的提携をつくり出さなければならない時代が来ている。

2　アニマルウェルフェアへの日本の対応

アニマルウェルフェアという発想は、日本畜産に重大なインパクトを与え始めている。O-157、口蹄疫、さらにBSE問題に始まる「食の安全・安心」への関心は、消費者にとどまらず畜産の内部からも「畜産はどうあるべきか」の議論として展開し始めている。そのなかで「安全・安心な餌を与え、家畜の健康が充足された飼育による家畜生産」が一つの方向性として捉えられ、それは畜産における「アニマルウェルフェア問題」を真摯に捉える機会ともなっている。本論では、「アニマルウェルフェア」とはどのような発想で、わが国の畜産にどう取り込まれていくか、を検討したい。

1 アニマルウェルフェアの科学

ウェルフェアとは wel と faren の合成語であり、wel は「望みに沿って」で、faren は「生活すること」であるから、「個体の現実の生活が苦痛や不快のない、喜びに満ちた状態」ということとなる。「苦痛・不快」とは負の情動であり、それは恒常性を脅かす環境(ストレッサー)から逃れたり、その環境を排除したりする原動力・動機となる情動として進化したものと考えられている。すなわち、アニマルウェルフェアを守るとは、ストレッサーを排除することが主たるポイントの一つとなる。第二の主たるポイントは「喜び」という正の情動の助長であるが、その研究は緒についたばかりであり、ここでは論じない。初期の負の情動は排除・回避・逃避といった Fight/Flight といわれる行動を出現させる。それで解消できない場合は葛藤行動および生理的ストレス反応が現われ、それでも解消しない場合は生理的ストレス状態の長期化ならびに異常行動の出現となる(1)。これらを捉えることでストレッサーを特定できる。

家畜のような定温・定浸透圧動物は、環境の不断の変化のなかで内部環境(体温・体液)を一定の範囲内に保ち(恒常性)、自己を保存し増殖している存在である。その恒常性を乱す環境刺激がストレッサーであり、それは生活環境、すなわち動物に影響する機能的環境（主観的環境）に由来する。家畜の場合、主には熱環境、大気環境、光環境、音環境、社会環境、畜舎・施設環境、および管理者が生活環境となる。このうち前四環境からくるストレッサーは家畜管理（Environmental Management）の観点からも検討されてきている畜産の課題でもある。したがって、アニマルウェルフェア研究のなかで大きく進展した分野は、社会環境ストレッサー、畜舎・施設環境ストレッサー、そして管理者ストレッサーである。(2)

さらに、畜舎・施設環境ストレッサー研究のなかから、動物には生理的な恒常性に加え、もう一つ重要な恒常性があること、すなわち行動実行の恒常性（行動要求）の存在が明らかとなった。(3)行動とは環境と生理的恒常性との関係を修復する手段であり、「外部刺激に対する反応」と考えられてきた。しかし、必要なときに行動を効果的に発現させるには、あらかじめ実行をプログラムしておくことは有効である。そのような機能をもって、行動実行の種類、時間帯、様式、持続時間が動物種ごとにプログラムされているのである。そして、プログラムされた行動の抑制はストレッサーになることが明らかとなってきた。(4)維持行動、社会行動、そして生殖行動が正常行動といわれるもので、(5)その実行がセット・ポイント（既定値）として存在するという仮説である。それぞれの行動に対する欲求の強さは、オペラント条件付けを利用した問題箱での行動をconsumer demand theoryに基づき解析することで判定される。(6)最も強くプログラムされているのは摂食行動で、牛では多様な飼料を舌を巻く様式で日中を中心に八～一〇時間の摂食と考えられる。休息行動も強くプログラムされており、牛の場合、前肢の一方を曲げ、次いで他方を曲げ頭を前方に七〇〜一〇〇cm突き出し、その頭が戻る反動で後肢を曲げ、尻部を落とす様式で、正午と夜間を中心に一四時間程度の伏臥・横臥と考えられる。身繕い行動へも強い要求があり、人のブラッシングを報酬とするスキナーボックスで牛はブザーを押す[7]。数百m程度であるが、歩行運動への要求もあるようである[8]。社会行動への要求も強いようで、とくに離乳後の単飼はストレスとなることが報告されている[9]。生殖行動への要求の調査はされていないが、近年高泌乳牛の発情が微弱になってきていることが指摘され、その一因に性的刺激の欠如が考えうる。多様な環境での free-ranging 下での行動が、行動抑制ストレッサーを考える一つの基準となる[10]。

「苦痛・不快」情動は生理的ストレス状態をもたらし、最終的には突然死、免疫性低下、胃腸の潰瘍、肉質悪化、乳量低下、および不安・異常行動をもたらすことが知られている。すなわち、個体レベルでの生産性を考えた場合、ストレス状態の回避は重要で、その意味ではアニマルウェルフェアと畜産は対立するものではない。しかし畜産視点からは、ストレス回避技術の費用対効果が問題視され、重篤なストレスの回避のみに特化することとなる。

2　EUにおけるアニマルウェルフェアの基準[11]（牛）

牛に関する特別指令（Directive）は子牛を除き存在しないが、成牛に関しては一九八八年に常置委員会が要望（Recommendation）を提出し、そこでは尾切断の禁止とできるかぎりの去勢の回避を謳っている。すべての家畜の飼養管理は「農用家畜保護指令」98/58/ECで規制されている。

飼養管理に関する全般的配慮は一九七六年「農用家畜保護欧州協定」(Convention) として欧州審議会 (Council of Europe) でまず採択され、七八年には欧州共同体の決定 (Dicision) 78/923/EEC、九二年には改正議定書 (Amendment) 承認を経て、九八年七月二十日にＥＣの指令として法的拘束力を持つに至っている。指令とは、目的に関して参加各国を等しく拘束する法的基準であるが、実行の方法は各国の裁量による。農用動物とは、食料・毛・毛皮・その他の農用目的で繁殖・保管されているあらゆる動物（魚、爬虫類、両生類を含む）と定義されており、野生動物・展示動物・競争動物・スポーツ用動物・実験動物・無脊椎動物へは適応除外である。各国は一九九九年十二月三十一日までに法を整備し、権限を有する公的機関による査察を実行し、委員会 (Commission) に報告し、その委員会は全体の要約を獣医常置委員会に報告すると規定されている。配慮の内容を以下に簡単に紹介する。

1、管理者：技能・知識・専門的能力を有する十分な数の家畜管理者をそろえる。

2、点検：一日一回は家畜を点検し、点検が容易に行なえるように照明を準備し、疾病や損傷にある家畜は速やかに手当する。回復しない場合は獣医の指示を仰ぐ。必要に応じて、乾燥した安楽な敷料を備えた寝床を準備し、隔離する。

3、記帳：獣医学的処置や死亡率を記録し、少なくとも三年間は保管する。

4、動きの自由：不必要な苦痛や損傷を起こしうる方法で拘束しない。常時あるいは定期的に繋留・拘束する場合、生理的・行動的要求に沿った空間を与える。
5、畜舎・収容施設：収容施設の材料・付帯設備は、無害で衛生的にする。鋭利な角や突起をつくらない。空気循環・塵・気温・湿度・ガスの各レベルは侵害的でないようにする。常時暗黒下あるいは常時照明下で飼育しない。
6、屋外飼育：必要に応じて、悪天候・捕食獣・健康危害から庇護する。
7、自動・機械的装置：家畜の健康と福祉に関わる自動機器は一日一回は点検する。欠陥があれば即座に修理し、不可能なら家畜の健康と福祉を守るべく適切な対応をとる。人工換気の場合は、バックアップシステムと警報システムを備え、定期点検する。
8、給餌・給水・それ以外の給与：健康の維持および栄養要求を満たすべく十分量の餌を与える。不必要な苦痛や損傷を起こす餌を与えない。生理的要求にあった間隔で給餌する。水分要求量にあった給水をする。給餌・給水施設は汚染されず、家畜同士の競争による弊害を最少にできるように、設計・構築・設置する。その他の給与は、治療・予防目的を除き、健康や福祉を阻害しないようにする。
9、繁殖：自然および人工を問わず、苦痛や損傷を起こしうる繁殖・授精法を実施しない。遺伝子型あるいは表型から健康や福祉を阻害する可能性がある場合、農用目的で飼育すべきでない。一九九六年四月二十九日発効の指令96/22/ECはホルモン作用および甲状腺妨害機能を有するある種の物質および beta-アゴニスト（成長促進剤）の畜産での使用を禁じている。
子牛の指令91/629EECは一九九一年に採択され、一九九七年に指令の改正97/2/ECと委員会決定による付属書の改正が行なわれている。そして、各国は一九九七年十二月三十一日までに国内法を整備することとなっている。肥育・育成用子牛の六か月齢までの飼養管理基準である。一九九八年一月一日より新築および再構築される施設では以下を満たす。二〇〇六年十二月三十一日からはすべての施設に適用する。

(a) 八週齢以降、単飼ペンで飼養しない。単飼ペンの幅は少なくも体高と等しく、長さは少なくも体長（鼻先から座骨端）の一・一倍とする。単飼ペンの壁面には間隙をもたせ、視覚的・触覚的刺激を直接受けることができるようにする。

(b) 群飼の場合、子牛一頭当たりの床面積は少なくとも、生体重一五〇kg以下では一・五m^2、一五〇～二二〇kgでは一・七m^2、二二〇kg以上では一・八m^{2}とする。これは六頭以下の群飼や授乳母牛との同居には適用しない。

付属書の概要は以下のとおりである。

1、常時暗黒下で飼育しない。人工照明の場合、少なくとも九：〇〇～一七：〇〇は照明する。

2、舎飼い子牛では少なくとも一日二回、屋外飼育子牛では一日一回点検する。

3、子牛用寝床は困難なく横になり、休息し、立ち上がり、身繕いできるように構築する。

4、子牛を繋留しない。群飼で哺乳する場合、一時間を超えない範囲での繋留は例外。繋留は障害を起こさないようにし、定期的に点検し、安楽な状態を保つように調整する。しかも、絞殺や損傷の危険のないようにし、2で規定した動きができるようにする。

5、畜舎・ペン・付属器具・用具は、子牛間での伝染や病気のキャリアー動物の増殖を助長しないように、清潔にし、消毒する。糞尿やこぼした餌は臭いを出さず蝿やネズミを寄せつけないように早急に除去する。

6、二週齢以下の子牛には適正な床敷きを与える。

7、健康と福祉の向上のため、齢・体重・行動的生理的要求に合致するように給餌する。餌は少なくとも平均血中ヘモグロビンレベルが四・五 mmol/litreを確保できるように鉄分を含み、二週齢以上の子牛には粗飼料を与え、八〜二〇週齢では一日五〇〜二五〇 g に増量する。口輪をつけない。(西欧では、鉄分欠乏飼料による白い肉のヴィール子牛生産が盛んで、その子牛の健康・福祉が問題視されている。)

8、少なくとも一日二回は給餌する。群飼だが不断給餌でない場合、あるいは自動給餌の場合には、全頭が同時に摂食できるようにする。

9、二週齢以上の子牛には十分量の新鮮な水を与えるか、その他の液体を飲ませることで、飲水要求を満たすようにする。暑熱環境下あるいは病畜は常時飲水できるようにする。

10、生後六時間以内に初乳を飲ませる。

(c) 家畜の輸送に関する規定

まず、一九六八年に欧州審議会により「国際輸送中の動物保護協定」が採択された。一九九一年十一月十九日には「輸送中の家畜保護に関する指令」(91/628/EEC) が採択され、一九九五年六月二十九日にはその追加指令95/29/ECおよび一九九八年二月十六日には「八時間を超す輸送における家畜輸送車に対する家畜保護追加基準」に関する規則（EC）No.411/98（Regulation：参加各国に完全かつ直接適用される法的基準）が採択されている。すなわち、輸送時間八時間を境に規定は異なる。これら以外にも獣医的検査に関わる指令や個体識別や病気関連の基準とも関わる。前三者は、五〇km以内の輸送とか季節的に飼育場所を替える場合の農家自身の輸送は適用除外である。前三者の付属書は詳細な規定を盛り込んでいるが、紙面の都合上簡単に紹介する。6以降は八時間以上の輸送に対してのみの条項である。

1、分娩が切迫した家畜、四八時間以内に分娩した家畜、およびさい帯が完全に乾燥していない新生家畜は輸送しない。

2、普通に立位を保てるスペースを与え、必要に応じて移動中の揺れに対応すべく仕切りを設置する。悪天候や天候激変に対応できるようにする。輸送中、適切な間隔（二四時間以内、特別な場合はプラス二時間）で給水・給餌する。角や鼻環により繋留はしない。

3、母子以外の成畜と子畜、去勢していない雄畜と雌は分けて輸送する。

4、輸送中、機械によって吊り上げられたり、頭・角・脚・尾・毛をもって吊り上げられたり引きずられたりしないようにする。電気鞭はできるだけ使用しない。

5、添乗者は家畜を世話し、給餌・給水し、必要に応じて哺乳する。泌乳牛は一五時間を超えない範囲で一二時間程度の間隔で搾乳する。

6、敷料には安楽性を持たせ、糞尿の散布性と素材の吸収性に斟酌する。量は種・頭数・時間・天候によって調整する。

7、給餌が必須の場合、輸送車に必要量の飼料を搭載し、天候や塵・燃料・排ガス・糞尿などで汚染されないようにする。給餌施設も搭載し、使用前後に清掃し、かつ輸送後に消毒する。給餌施設は家畜に損傷を与えないように設計し、ひっくり返らないようにする。使用しない場合は、家畜とは別の場所に収納する。

8、輸送中の家畜の福祉が常時守られるように、換気装置をつける。設置にあたっては、輸送ルート・時間、車の種類(閉鎖・開放)、内外の気温、種ごとの生理的要求、積載密度を考慮する。どの家畜に対しても五〜三〇℃(プラスマイナス五℃)を保障する。

9、区画化できるように仕切りを備えつける。

10、停車中に水道に接続できるようにする。家畜に損傷を与えないような可動式か固定式の給水器を備える。

(d) 家畜の屠殺に関する規定

欧州審議会の「屠殺動物保護協定」は一九七九年に採択された。一九九三年十二月二十二日には「屠殺時の家畜保護に関する指令」93/119/ECが採択されている。この指令は肉・皮・皮毛・その他の生産目的で繁殖・保管されている動物および病畜の屠場における移動・収容・保定・気絶・屠殺に関して適用される。

1、一般条項：屠場に到着後、ただちに屠殺する。遅らせざるをえない場合は、悪天候から保護し、換気を保証する。種・性・齢・出身を考えた場合に傷つけ合う可能性のある家畜同士は分けて収容する。悪天候から保護し、高温・高湿下では適切な方法で冷却する。健康状態を少なくとも朝・夕に点検する。輸送中あるいは屠場に到着時に痛みや苦しみを受けた家畜および離乳前の家畜は即座に屠殺する。不可能なら分離し、少なくとも二時間以内に屠殺する。歩けない家畜は屠殺場所まで引いて行くべきではなく、横たわっているその場所で屠殺するか、不必要な苦痛をもたらさないならば手押し車や戸板に乗せ緊急屠殺場所に運び屠殺する。

2、コンテナ以外で搬入された家畜への条項：屠場には降載用装置を設置し、滑らないようにし、必要に応じて側壁をつける。橋・斜道・通路にも家畜が落ちないように側壁をつける。降載中にはおびえさせず、興奮させず、転倒させず、虐待しない。不必要な痛み・苦しみを与えないように頭・角・耳・脚・尾・毛でもって持ち上げない。通路は滑落の危険がないようにし、群居性を利用できるように配置する。誘導用器具はその目的のみに短時間使う。電気ショックを与える器具は移動しない成牛・成豚の後駆の筋肉にのみ使い、二秒以上続けず、適当な間隔をあけて使う。家畜をたたいてはいけないし、とくに敏感な部分を圧迫してもいけない。とくに、尾をくしゃくしゃにつぶし、よじり、あるいは骨折させてはいけない。目を握らない。強打と蹴りを入れない。即座に屠殺しないなら屠殺場所に入れない。収容のためのペンを準備する。一二時間以内に屠殺されなかった家畜には給餌し、その後適当な間隔で適量給餌する。屠場に一二時間以上いる家畜は収容施設に入れ、適当な場所では困難なく横臥できるように繋留する。繋留しない場合は、乱されずに摂食できるように給餌する。
3、気絶・屠殺前の家畜保定：痛み・苦しみ・興奮・損傷・打撲を起こさないような適切な方法で保定する。気絶・屠殺前に家畜の脚を縛り、つり下げない。
4、気絶処置のための特別条項：気絶はその後即座に放血させないならば実施しない。ボルトピストルは突出部が大脳皮質に確実に届くように位置取りする。牛の場合、角の位置に打つことは禁止。
5、放血：気絶させたら即座に頸動脈の一方あるいはその派生血管を切開することで放血する。家畜の意識が戻る前に実施する。気絶・保定・吊り下げ・放血は連続して行ない、二頭同時には行なわない。

3　アニマルウェルフェアはわが国畜産に対するAnglo-American文化からの外的要因

集約畜産におけるアニマルウェルフェア問題の端緒は、R. Harrison女史が一九六四年に英国で出版した〝Animal Machines-The New Factory Farming Industry〟といわれるが、その抄録は七年後の一九七一～七二年にかけて『養鶏の研究』誌で畜産学者鈴木によって翻訳紹介されている。そして、一五年後の一九七九年には有機農業研究会員の橋本らにより完訳本が『アニマル・マシーン―近代畜産にみる悲劇の主役たち』[12]として出版された。また、動物権利に関する理論的指導者といわれるP. Singerの共著書〝Animal Factory〟（一九八〇）は、二年後の一九八二年にこれまた有機農業運動家の高松により『飼育工場の動物たちの今：アニマル・ファクトリー』[13]として出版され、編著書"In Defence of Animals"（一九八五）は一年後の一九八六年『動物の権利』[14]として消費者運動と関係する戸田により翻訳されている。一方、畜産研究者からの紹介として、一九八六年には宮崎、長澤、黒崎により『畜産の研究』誌にアニマルウェルフェアの記事が掲載された。また佐藤は一九八七年『畜産の研究』誌に集約畜産の代替法としてのEdinburgh Family Pen System養豚を紹介し、一九八八年から一九八九年にかけて『臨床獣医』誌でアニマルウェルフェアを七回にわたり詳細に紹介した[15]。一九八九年には日本畜産学会シンポジウムで「動物福祉」が取り上げられ、一九九一年には畜産試験場において「家畜行動学と畜産技術及び動物福祉に関するシンポジウム」が開かれた。その後、アニマルウェルフェアは『動物生産学概論』[16]（一九九二）、『新畜産ハンドブック』[17]（一九九五）、『改訂版家畜行動学』[1]（一九九七）、『最新畜産学』[18]（一九九八）といった畜産専門教科書でたびたび取り上げられるが、ついぞアニマルウェルフェア問題が畜産の内部問題と捉えられることはなかった。

わが国の動物への配慮とは「福祉」であり、それは「消極的には生命の危急からの救い、積極的には生命の繁栄」を意味する言葉で、すなわち個体の生活への配慮（ウェルフェア）と同時に次世代への継続への配慮（フィットネス）を意味する言葉といえる。このようなセットの考えのもとでは、殺されていく動物への愛護は欺瞞的としか捉えられなかったのである。ＥＵのアムステルダム条約（一九九九）では「家畜は意識ある存在」として定義されたのに対し、わが国の動物愛護法では「動物は命あるもの」と定義されたのは、この動物への配慮に対する理念の違いを反映するものとして好対照である。武家の時代の巻狩《まき》りにおいてはその後に「鹿供養塔」が建てられ、近年においても七億匹といわれるバッタの襲来の駆除に際して「バッタ塚」が建てられ[19]、畜産動物の屠殺に対しわれわれは毎年「畜魂祭」を執り行なう。あらゆる存在に霊魂を認め、植物に対しても「草木塔」を建て供養し、無生物に対しても「筆塚」を建て、「針供養」などを行なう。このように、わが国における動物への配慮には、「命」への偏重が見られる。

4 ストレス軽減は消費者のみならず生産者の願い

佐藤・岡本[20]（一九九六）は全国の一般市民五九五名を対象に、家畜、実験動物、およびペットについて、それぞれ殺すこと、肉体的に虐待すること、狭い場所で飼うなど心理的に虐待すること、および尾を切ったりするなど肉体を切断することに対する許容性を三八項目からなる質問表により尋ねた。すると、「食べるためにウシを殺す」とか「癌の治療薬を開発するために動物実験でネズミを殺す」には反対は最も少なかったが、「毛皮を取るためにミンクを殺す」には四四・七％もの人が反対した。家畜に対する去勢や烙印、医療のための実験動物に対する肉体切断なども反対は比較的少なかった。最も反対された行為は、動物種にかかわらず、おもしろ半分で殺したり蹴ったり矢を射たりすることであった。これらすべてをまとめて回答を左右した要因を分析した結果、三つの要因が抽出され、それらは「動物に対する普遍的な哀れみの情」「遊びとしての虐待への反対」、および「卵を生まなくなった鶏を放置して餓死させる」とか「転勤で世話できなくなった犬を保健所に連れて行き殺してもらう」などの「弱い経済的理由や人間のエゴによる虐待への反発」であった。

佐藤ら[21]は二〇〇〇年に宮城県の養豚農家一四九戸を対象に、「飼養にあたってブタの生活の何に配慮するか」「ブタの異常行動は出ているか、もし出ているならそれにどう対処しようとしているか」「EUの指針等34項目は守れるか」「なぜブタの生活に配慮するのか（思想的基盤）」「家畜福祉を知っているか、ブタ本来の行動を知っているか」等についてアンケート調査を行なった。「飼養にあたってブタの生活の何に配慮するか」では七〇・八％の農家が「ストレスをかけないで飼いたい」との項目に賛同した。しかし、ストレスの中身は「病気にさせない、清潔に飼う、適正な温度で飼う」であり、「仲間と一緒にする、運動させる、行動要求を満たす」などへの賛同は低いものであった。「異常行動が出た場合、それにどう対処しようとしているか」では、「尾かじり」に対しては七六％の農家が改善したいと回答したが、その他の「柵かじり」「不動犬座姿勢」「過剰反応」「偽咀嚼」といった肉体的損傷が明確でない異常行動に対しての改善希望は三四％にとどまった。前述した「農用家畜保護指令」に類似する内容である「EUの指針等34項目は守れるか」では、二六項目は問題なく守れるとされ、守れない項目とは「繁殖雌の群飼、分娩後元の群に戻す、八時間程度は明るくして飼う、餌にワラを加える、休息場と排糞場の分離、四週齢以降の去勢には鎮痛剤使用、ガス環境・温熱環境の整備、毎日の機器点検」であり、「急性的痛み」や「行動要求への配慮」に対しては賛意が得られなかった。家畜が本来持つ行動に対する知識がやや希薄であること、そしてそれらの行動発現を抑えることがストレスになるとの認識が弱いことに由来することも明らかとなった。思想的には輪廻・不殺生・慰霊などの宗教観に由来する「家畜への配慮」が最も賛同された。西欧の動物福祉の思想的基盤である功利主義的発想、例えば「家畜を生きている間は幸せに生活させ、痛みのない方法で屠殺するのは道徳的に善いことであり、食べるための屠殺は悪いことではない」、あるいは自然法的義務思想「人は万物の長である。ゆえに様々な動物を守る力があり、義務がある」とか「家畜は痛みを感じる。ゆえに人は家畜に対して道徳的義務を負う」という項目に対しても高い賛同が得られた。しかし、西欧の動物福祉運動のもう一つの思想的基盤である行為主体中心主義や権利思想である「家畜を虐待する人は人に対しても同じことをする可能性が高いので、家畜に対して配慮すべき」とか「家畜は権利を持つがゆえに、殺すべきではない」への賛意は低かった。

以上のように、日本人の動物への配慮は、「殺されていくものへの感謝」に加え、「生前の生活」への配慮へも拡大してきている。しかし、「生活への配慮」の中心は「肉体的健康性」への配慮であり、今後「精神的健康性」、すなわち「行動要求の充足」への配慮をアニマルウェルフェアという発想から取り込んだとき、わが国の動物への配慮は真の動物福祉へと発展する可能性を秘めている。それには、応用動物行動学の展開とその成果の公開が重要な役割を担うと考えられる。

5　畜産を取り巻く状況の変化と今後の畜産

集約畜産の最も大きな内部問題は、畜産動物の健康性の阻害にある。乳牛においては関節炎等の運動器病、乳房炎等の泌乳器病、第四胃変位、鼓脹症、肝炎等の消化器病、カルシウム代謝障害等の妊娠・分娩期疾患、突然死等の循環器病が重篤である[22]。肉牛においては、鼓脹症、胃腸炎等の消化器病、肺炎等の呼吸器病、突然死等の循環器病が重篤である[22]。これらに過度の生産形質選抜と過度の濃厚飼料給与が関係している可能性が指摘されている[23]。外部問題としては、環境への糞尿・病原微生物・帰化植物汚染問題が重要であり、これらも過度の外部飼料給与・濃厚飼料給与が関係しているといわれている。また、家畜福祉問題は社会への倫理的汚染問題としても捉えられる。これまでして家畜生産の効率化をすすめたにもかかわらず、内的・外的問題は顕在化し、しかも土地の高価さ、生産資材の高価さ、人件費の高さ等の技術以外の競争力は低く、総体としての国際競争力も低いままである。

このような状況のもとで、一九九九年「食料・農業・農村基本法」がつくられ、農業には本来機能である食料生産に加え、国土の保全、水源の涵養、自然環境の保全、良好な景観の形成、文化の伝承等の多面的機能が求められ、それは農業の自然循環機能の維持増進によって達成されることが謳われた。そして二〇〇一年八月のBSE発生を契機に、農林水産省は「食と農の再生プラン」を公表し、消費者に軸足を移した農政へと急速に転回し、「食の安全と安心の確保」を約束した。世界的には口蹄疫・BSE発生を契機に「食の安全」への関心が急激に高まり、それは「有機畜産」への関心へと連関していった。その関連で、有機畜産物の国際的基準、いわゆるコーデックス・ガイドラインが二〇〇一年につくられ、わが国JAS法への取込みが検討されている状況である。そこでは、土地・植物・家畜の調和的関係の展開とともに家畜の生理的・行動的要求への配慮が求められている。

一方、畜産を取り巻く外的状況としては、動物の取扱いに関しては、一九九九年「動物の愛護及び管理に関する法律」が改正され、動物が命あるものとして扱われ、人と動物の共生へ配慮すべきことが謳われた。そして社会経済の方向としては、二〇〇〇年「循環型社会形成促進基本法」がつくられることで、大量生産・大量消費・大量廃棄型から脱却し、環境への負荷が少ない循環型社会形成が謳われることとなった。

これらの状況を勘案した場合、これからの畜産には、わが国では有史以来これまでに一度たりとも主流とはなり得なかった土地利用型畜産が求められると考えられる。放牧を中心とした土地利用型畜産とは、地域社会に密着した、生産環境を含めた家畜生産システムであり、そこでは集約畜産のすべての外部問題は畜産の内部問題となり、矛盾は急速に解消され、新たな発展が期待されることとなる。近年の乳牛飼養における Cow Comfort への関心は[24]、畜産における動物福祉問題の内部化を象徴するものであり、畜産技術変革への下地は着々と整ってきているといえる。

参考文献

（1）佐藤衆介「失宜行動と家畜の福祉」三村耕編著『改訂版家畜行動学』九八―一二一ページ、養賢堂、一九九七年
（2）佐藤衆介「家畜行動学の畜産現場への応用」『臨床獣医』一〇号、一九―二七ページ、一九九二年
（3）Hughes, B. O. and I. J. H. Duncan, Behavioural needs: can they be explained in terms of motivational models ?. Appl. Anim. Behav. Sci., 19: 325-367. 1988.

（4）Mason, G. J., Cooper, J. & Clarebrough, C., Frustrations of fur-farmed mink. Nature, 410: 35-36. 2001.

（5）佐藤衆介・近藤誠司・田中智夫・楠瀬良編著『家畜行動図説』朝倉書店、東京、一二八ページ、一九九五年

（6）Dawkins, M. S., Battery hens name their choice: consumer demand theory and the measurement of ethological 'need'. Anim. Behav., 31: 1195-1205. 1983.

（7）伊藤温子, personal communication. 2002.

（8）Krohn, C. C., L. Munksgaard and B. Jonasen, Behaviour of dairy cows kept in extensive (loose housing/pasture) or intensive (tie stall) environments. 1. Experimental procedure, facilities, time budgets-diurnal and seasonal conditions. Appl. Anim. Behav. Sci., 34: 37-47. 1992.

（9）Seo, T., S. Sato, K. Kosaka, N. Sakamoto, K. Tokumoto, K. Katoh, Development of tongue-playing in artificially reared calves: effects of offering a dummy-teat, feeding of short cut hay and housing system. Appl. Anim. Behav. Sci., 56: 1-12. 1998.

（10）佐藤衆介『欧米における動物福祉・愛護政策の動向と家畜生産　1、大家畜を中心とした動向』『畜産技術』二〇〇一年二号、二―八ページ、二〇〇一年

（11）Wood-Gush, D. G. M., Element of Ethology. Chapman & Hall. London. 1983.

（12）Hurrison, R.（橋本明子・山本貞夫・三浦和彦共訳）『アニマル・マシーン』講談社、東京、一九七九年

（13）Mason, J. and P. Singer（高松修訳）『アニマル・ファクトリー』現代書館、東京、一九八二年

(14) Singer, P. (ed.)（戸田清訳）「動物の権利」『技術と人間』東京、一九八六年
(15) 佐藤衆介「日本における農用家畜保護思想および研究の展開」『日本家畜管理研究会誌』二七号、九一―九六ページ、一九九二年
(16) 佐藤衆介「動物生産の倫理と福祉」『動物生産学概論』川島書店、東京、六―一九ページ、一九九二年
(17) 佐藤衆介「家畜の福祉管理」扇元敬司・角田幸雄・永村武美・三上仁志・森地敏樹・矢野秀雄・渡辺誠喜・中井裕編『新畜産ハンドブック』講談社、東京、三六〇―三六八ページ、一九九五年
(18) 佐藤衆介「動物と人間との共生」水間豊・上原孝吉・矢野秀雄・萬田正治編著『最新畜産学』朝倉書店、二二二―二三三ページ、一九九八年
(19) 近藤誠司「カモメの記念碑とバッタ塚」『UP』三五九号、一八―二三ページ、二〇〇二年
(20) 佐藤衆介・岡本直木「家畜福祉に関する意識調査」『日本家畜管理学会誌』三二号、四三―五二ページ、一九九六年
(21) 佐藤衆介・織田咲弥香・鈴木啓一・菅原和夫「養豚農家の家畜福祉に関する意識調査」『家畜管理学会誌』（印刷中）
(22) 農林水産省経営局「家畜共済統計表」二〇〇一年
(23) Rauw, W. M., E. Kanis, Noordhuizen-Stassen, F. J. Grommers, Undesirable side effects of selection for high production efficiency in farm animals: a review. Livest. Prod. Sci., 56: 15-33. 1998.
(24) 佐藤衆介「カウ・コンフォートの必要性を考える」『臨床獣医』二〇巻一一号、一六―二〇ページ、二〇〇二年

3　日本型有機畜産アグリフードシステムの開発課題

有機食品をめぐる状況は日本でも九〇年代以降大きな変化を遂げつつある。草の根運動として実践されてきた有機農業も、最近では多くの消費者が安全な食品と環境に配慮した農業を求めるようになり、世界的な有機食品市場が形成されつつある。それに伴い、耕種部門に引き続き畜産部門においても世界スタンダードが策定されてきている。

世界レベルで有機畜産に関して基準策定が進行してきたにもかかわらず、日本ではこれまであまり議論されてこなかった。飼料自給率の極めて低い日本の現状では、耕種と畜産が結合する地域循環システムを基本とする有機畜産の実現は困難であるというあきらめの意識が強い。そのうえ、輸入飼料の大半が遺伝子組換え体である現実が重くのしかかり、有機畜産基準そのものを日本の畜産へ適用することについて疑問視する声もあり、関心が薄かったのである。しかし日本でもＢＳＥの発生以来、その原因解明と関連して畜産食品の安全管理システムの確立が緊急の課題となっており、有機畜産への関心が高まりつつある。

日本の有機農業運動の歴史を振り返ったとき、その出発点は、経済の高度成長期に水俣病をはじめとする深刻な公害問題が発生し食品の安全性も脅かされた時期であった。少しでも安全な食品を子どもたちに食べさせたいとの母親たちの思いが生産者に伝わり、産消提携や産直運動を生んできた。より安全な牛乳や鶏卵等の畜産物は、栄養的に優れた食品として消費者に選好されることで運動の原動力となり、消費者グループや生協の組合員の拡大にも有効な食材であった。

ポストハーベスト汚染の問題や遺伝子組換え飼料の問題も、消費者と消費者が連携してそれらを拒否し、IPハンドリングによる安全な飼料の輸入体制を確立してきた。

現在でも、鶏卵や牛乳等の畜産物には、手軽に良質の蛋白質を摂取できる食品としてさまざまな期待が寄せられており、BSE発生以降は、FAOが有機食品は食品安全管理システムが最もよくなされていると評価しているように、とくにトレーサビリティ（生産流通履歴の開示）が保証された有機畜産への期待はますます強くなっている。

有機畜産をすすめることは、地域の耕種と畜産との土地利用循環システムを確立することや安全な堆肥を安定的に供給していくことなど、持続的農業を発展させる上で重要な意味を持っている。しかも生物を育てる産業としての農業が家畜の健康とアニマルウェルフェアを増進していくことが求められており、有機畜産はその実現のための理想的な生産システムである。また、農村地域の自然環境保全と生物多様性の保全のためにも、国内の畜産農家が有機畜産に転換していくことは、今後多方面から要請されるであろう。

生産者サイドでも、こうした消費者の安全・安心な畜産物に対する期待に応えようと、各地で従来型の有機農業運動に見られる産消提携や生協を中心とする産直運動以外にもさまざまな展開が試みられ、大きな実を結びつつある。

(1) 日本型有機畜産の現段階

本書の第2章「日本のチャレンジャー」では、こうした消費者の要請に応えようとして始まっている各地の実践を紹介した。この各地の実践をみることは、日本の将来の畜産業のあり方を考える上で示唆に富むからである。

紹介した各地の実践は、大きく二つに分類することができる。

まず第一は、日本の有機農業運動が培ってきた産直・産消提携の理念の実践である。生産者と消費者が、食の安全を取り戻し地域の農業を守るという共通認識のもとで、家畜飼料をできるだけ安全な無農薬・無化学肥料飼料や非遺伝子組換え飼料ないし有機飼料に転換することを目指し、しかも畜産農家内での自給生産を促している。自給できない場合もできるだけ地域産、国内産でまかなって輸入を最低限に抑える努力をしているのである。日本の現段階では国際的な有機畜産基準のように一〇〇％有機飼料を与えることが難しいことから、家畜の健康とアニマルウェルフェアにできるだけ配慮する飼育環境を整備し、環境保全型畜産の実現を図る方式をとっている。

もう一つは、世界基準に適合するような有機畜産物の開発である。厳格な基準をクリアするため、国内産で不足する飼料は有機認証された輸入飼料で補う。日本では実現不可能とされていた有機畜産物を生産する畜産経営が形成されつつあるのである。

各地の実践事例には以下のような特徴的があげられる。

北海道の宗谷黒牛は、関西の、大阪のいずみ市民生協や和歌山生協との産直肉牛の開発のなかで誕生した。ここには農場長氏本長一氏の力が大きい。この産直活動を通して、従来型の加工型畜産の舎飼い方式ではなく、放牧を主体とし、できるだけ地域の資源を生かした有機畜産を目標にした牛肉生産を目指すことになった。全農はこの生産流通システムを、産地の信頼を高め、かつ生産履歴が確認できるトレーサビリティの確保された独自の認証システム「全農安心システム」第一号として認証したのである。日本型基準による牛肉トレーサビリティ・システムの開発である。宗谷黒牛牧場は漁業の盛んな稚内に立地するため、地元漁業と共存できる「放牧林野と海が結びついた」牛肉生産を目指している。

北海道の北里大八雲農場の八雲ビーフは、東京の東都生協との産直のなかで開発された。完全牧場内自給飼料の給餌、放牧による「ナチュラルビーフ」生産を二〇〇〇年七月にスタートさせた。大学の附属研究牧場であることを生かして、より放牧と国内産飼料に適した品種の開発に取り組んでいる。

岩手県の中洞牧場を経営する中洞正さんは、一九八三年、農用地開発公社による北上山系開発事業に参加し入植したことがその発端である。当時の国や県の指導する集約的かつ輸入飼料依存型の酪農を開始したが、その手法に疑問を持ち、一九九二年に放牧を主体とした山地酪農に転換した。現在は無施肥管理、周年昼夜放牧、自然交配・自然分娩による中洞ブランド〝エコロジー牛乳〟生産を行ない、首都圏への宅配を主体に販売を行なっている。

茨城県の魚住農園を経営する魚住道郎氏の地域有畜複合経営への取組みは、日本の有機農業運動初期から係わってきた有機農業の理念を追求する生産者が実践するスタイルである。そのため、一農家で取り組める範囲の耕種と畜産を組み合わせた有機農法による多品目の周年野菜生産と、できるだけ自給飼料による平飼い養鶏に取り組んできた。くちばしをきるデビーキング、人工照明等はいっさい行なわない。

タカナシ乳業は、大地牧場との提携によって、日本で初めてアメリカの有機認証団体QAIの認証を受けた有機牛乳の生産を二〇〇一年より開始している。乳牛には一〇〇％有機飼料を与える、フリーストール形式の採用、医薬品はいっさい使用しない等、アメリカの厳しい有機畜産基準を遵守している。タカナシ乳業は、完全有機牛乳実現のために大地牧場の生産で不足する有機飼料をアメリカから購入し大地牧場に提供すると同時に、認証に関する手続きや費用はすべて負担している。加工された牛乳はタカナシ乳業の販売店を通した宅配ルートを中心に一本二〇〇mℓ一二〇円で販売されており、一部スーパーマーケットでは空き瓶回収ができないため一四〇円で販売されている。有機牛乳への消費者ニーズは高く、生産量が不足するほどであるが、厳しい有機基準をクリアできる新しい生産者を開拓できないため生産が拡大できないでいる。

千葉県北部酪農協同組合は一九六八年からできるだけ乳質のよい牛乳をパスチャライズで生産しようと努力してきた。そしてこの牛乳を飲むことで生産者を支えようとする「天然牛乳運動」が開始されたのである。その運動に参加した消費者団体の一つが東京にある今の「東都生協」の前身の「天然牛乳を飲む会」である。当時は大手牛乳メーカーのなかには、本来天然であるはずの牛乳の中に脱脂粉乳やヤシ油を混入することがしばしば見られた。こうした状況から、生産者と消費者とが提携することで当時の状況を少しでも改善していこうとしたのである。その後、ポストハーベストの問題や遺伝子組換えの問題が登場してきてからも、ポストハーベストフリー飼料や非遺伝子組換え飼料のＩＰハンドリング開発に生産者と消費者がともに携わってきた。

大地を守る会は、有機農産物の専門流通事業体として一九七五年に設立され、現在では六万四〇〇〇世帯の消費者会員と畜産農家を含めて約二五〇〇名の生産者会員とで構成されている。有機農産物の宅配や自然食品店への卸業を中心に事業展開を行なっている。畜産部門での主な取組みは、岩手県山形村で昔から取り組まれていた日本短角牛の復権があげられる。「まき牛繁殖での自然交配」「夏山冬里方式での自然放牧」「粗飼料多給」の飼養方式を採用している。守る会は、豚肉、鶏、平飼い卵とともに「That's国産運動」として他の生協や消費者グループとともに国産飼料自給率アップを目指して事業と運動の展開をしてきた。

大手食品企業であるニチレイは「安全・安心」「おいしさ」「環境に優しい」の三つをキーワードにした「こだわり畜産物」の開発に力を入れ始めている。それは、現在の消費者ニーズに対応するためであり、飼育から加工まで一貫した品質保証体制を確立するためのものである。「こだわり畜産物」の新たなコンセプトは「抗生物質からの解放」（Free from Antibiotics）である。「家畜や家禽の出生、初生から全育成過程を通じ、抗生物質や合成抗菌剤を、いっさい使用しないで飼育したもの」による商品群を開発しており、また、その生産から加工までのプロセスのトレーサビリティを確保している。

「漢方鶏」の生産は、コスト削減と生産ロットを確保しなければならないため中国生産ではあるが、できるだけ鶏の健康を保つため面積当たりの飼養羽数を減らし、抗生物質の代わりに漢方薬を使用するなどの企業努力を行なっている。大量生産・大量販売の加工食品業界においては画期的な実践といえるであろう。

静岡県にあるＪＡ富士開拓は、戦後開拓で富士山麓の朝霧高原に入植した人たちによってつくられた農協である。一九七〇年代から八〇年代にかけては日本でも有数の酪農地帯であったが、その後の牛乳消費量の減少と乳価の停滞のため、酪農家戸数は一五〇戸から六六戸まで減少した。一九九〇年代に入ってからは、酪農家戸数の減少にもかかわらず、高泌乳、高成分追求の酪農生産の弊害による糞尿公害の問題も出てきた。そこで、新たな道を切り開くため、「有機の里」づくりを目指し始めた。「有機の里（村）」づくりは他の地域でも見られるが、ＪＡ富士開拓の特徴は、放牧酪農や放牧養豚そして酪農生産の副産物である堆肥を使用した高原野菜づくりというように、畜産と耕種を組み合わせた地域複合経営をＪＡ自ら主導しているところにある。全国的にも貴重な先駆的事例である。ＪＡの参事が中心となり「富士朝霧高原有機農業経済振興会」を結成し、毎月公開で「富士有機農業学校」を開催している。こうした勉強会を継続していくなかで、一〇〇〇haの広大な草地を利用してできるだけ自給飼料を与え、放牧する、放牧酪農や放牧養豚が開発されていったのである。「放牧牛乳」や「放牧豚」は主に宅配事業者「らでぃっしゅぼーや」によって首都圏の消費者に販売されている。有機野菜は、農協から分立した株式会社が経営するコミュニティスペース「牧場の駅・富士ミルクランド」の一角に「ファーマーズマーケット」を建設し、そこで販売されており、地元消費者だけでなく富士山観光に訪れた消費者にも好評である。

秋川牧園は、秋川実氏が、アメリカから「ハイブリッド鶏種」が導入されたことで倒産した地元の養鶏協同組合に代わって、一九七二年に山口市で「健康で安全な食べ物づくり」を目指して無投薬・残留農薬ゼロ飼料を用いた養鶏で再出発するために設立した株式会社である。地域で安全な牛乳、卵、野菜などの生産者とネットワーク方式に拡大し、一九七九年には「秋川食品株式会社」を設立した。産消提携運動に共鳴し、九州のグリーンコープや生活クラブ生協と次々に取引相手を拡大していった。秋川氏は有機農業を普及させるためには、養鶏の技術開発と同様に経営開発が重要だと考え、九七年には株式公開を行なったのである。この株式会社は、役員、従業員、パート職員、協力農家までもが出資している。

竹内正博氏は石井養鶏農業協同組合の代表理事として、輸入に依存している日本の養鶏産業の実態を憂慮していた。さらに世界的な有機食品ブームが押し寄せてくることに危機感を抱き、海外の有機養鶏の現場を歩いてきた。とくにフランスのボディン社の養鶏に学ぶところが多く、自らそのボディン社と同じ黒鶏プレノアールを導入し、有機鶏生産を開始したのである。さらに食鳥業界初のISO9002の認証も取得した。最近は有機養鶏から有機ペットフード、有機ベビーフードと有機食品事業に拡大している。

以上に要約した先駆的な実践は、消費者の求める安全・安心な畜産物を生産するため、現状でできるかぎり家畜の健康と福祉に配慮し、飼料もできるだけ国内自給を目指している。そのためそれらの畜産物の価格は慣行生産よりも高額になるが、消費者は生産現場の努力を認めた上で享受している。

日本の全般的状況として、まだ、動物の健康と福祉に配慮したアニマルウェルフェアの視点は弱いが、ここで取り上げている生産者たちは、効率よりアニマルウェルフェアを優先させている。

これまで家畜の健康と福祉そして保護に関して関心を示してこなかった動物保護団体も重要な課題との認識を持ち始め、日本の農業者の意識を喚起しようとしている。日本でもアニマルウェルフェアに配慮した畜産の生産構造に転換し、有機畜産を実践してゆく時期にさしかかっており、それが決して不可能な実践ではないことを各地の事例は示している。

日本においても一九九九年の植物産品のコーデックスガイドラインの採択に合わせて、同年七月にＪＡＳ法が改正され、有機食品の検査認証制度が導入された。しかし二〇〇一年のコーデックス有機畜産ガイドラインに対する日本政府の対応は、ＪＡＳ法の表示規格の政令追加だけで済ませる方針のようである。

飼料自給率の極めて低い日本の現状では、コーデックス有機畜産ガイドラインやＥＵ有機畜産基準に適合する有機畜産物を確保することは極めて困難な状況にある。

(2)　日本型有機畜産の可能性とその開発課題

有機畜産に関するコーデックスガイドラインとＥＵ有機畜産規則の共通点を要約すると、①有機飼料の自給問題、②慣行的畜産から有機畜産への転換期間の問題、③アニマルウェルフェア重視の飼養・輸送・屠畜方式の問題、④遺伝子組換え飼料の問題、⑤放牧の問題に大別された。また、有機農業の成果として慣行農業よりも生物多様性が実現されており、有機畜産の事業目的の一つとしても有機畜産牧場に生息する植物・動物の多様性保全の問題がある。

日本の有機畜産の可能性を検討する上で、これらのコーデックスの世界基準にどう対応できるのかが問題となる。世界基準に対する日本の対応問題の考察を具体的に行なうためには、農業者の対応、消費者・市民の対応、食品産業の対応、法的・政策的対応の四つの主体の対応が検討されなければならない。

そして、この主体が協働して日本型の有機畜産を実現していくためには、有機畜産理念への共通認識とそれに基づく社会的システムの構築（有機畜産アグリフードシステムの開発）がターゲットとなる。

社会システムの実現のプロセスには、なぜ有機畜産をすすめるのかという共通認識が確認され、その基本理念に基づいて日本型の有機畜産の原則・概念と具体的目標が設定され、またそれがコーデックス世界基準とどう対応するのかという検討が、各主体間で行なわれていくことが必須条件であろう。また、家畜は単なる農産物ではなくストレスを感受し、それが家畜の健康と疾病に大きく影響を及ぼす科学的根拠があることを基本認識とすべきである。

各主体間の共通認識を確立するためには、最初から世界基準の枠内で考えるのでなく、有機畜産の理念が持つ次のような四つの目的と意義について検討することが重要である。

①安全な畜産食品の供給と消費者の安心を実現する目的。

②安全な畜産食品は健康な家畜から生産されること、また人獣共通感染症の予防には家畜の健康が大前提であること、家畜の福祉を重視した動物飼育がヒトの倫理・情操を高めること、そのような家畜の健康と福祉を実現する目的。

③家畜糞尿による環境汚染を防止する目的。

④農場内および周辺空間での生物多様性を保全する目的。

以上のような有機畜産の理念が持つ目的と意義についての共通認識が確立されることで、次に日本型の有機畜産ないし慣行畜産から転換過程にある畜産の現実的な実行原則が検討されることになる。慣行畜産から有機畜産へ転換する過程にある畜産システムには多様なステイジと類型が考えられ、日本の農林水産省が育成している「環境保全型畜産」も当てはまる。しかしながらその内容には「家畜の健康と福祉」の概念が希薄であり、具体的な評価基準もつくられていない。そこで、日本型の有機畜産の理念に適合し、あるいはそこに転換しようとする過程にある畜産システムを、大きく二つに類型化することにする。すなわち、第一はコーデックスガイドラインの定める世界基準に適合するが、輸入有機飼料に依存するという限界を持つ「日本型有機畜産」と、第二は世界基準には適合しないが、有機畜産の理念を目指し慣行畜産生産力構造から転換する過程にある「日本型有機転換畜産」である。その日本型有機転換畜産の典型モデルとして「日本型家畜福祉畜産」を提唱したい。

その二つの日本型有機畜産を実現する上で確立しなければならない原則は、「飼料自給の原則」「家畜の健康と福祉を実現する飼育環境整備の原則」「環境汚染の防止の原則」「生物多様性保全の原則」である。

第一の日本型有機畜産の原則にはコーデックス有機畜産ガイドラインに即した原則を適用し、ただし有機飼料の自給ないし地域・国内自給の原則は現段階では不可能であるので、不足分は輸入有機飼料に依存することを承認することにする。

第二の日本型有機転換畜産の原則は、以下のような配慮事項の設定が考えられる。

【飼料自給の原則】

(1) 飼料材料の安全最低基準を設ける：減農薬・減化学肥料栽培飼料、Non-GM（非遺伝子組換え）飼料、PHF（非ポストハーベスト）飼料であること。

(2) 飼料の調達原則

①粗飼料調達を個別経営および地域・国内の輪作をベースとする自給原則：牧草、野草、稲わら、飼料米、麦類など国産粗飼料資源の開発と有効利用を図る。

②濃厚飼料調達を個別経営および地域・国内の輪作をベースとした自給原則と不足分の契約生産の原則：国内産飼料穀物の自給利用および国内有機食品産業の副産物の契約利用をベースとするが、不足分を海外有機農場との直接契約によって輸入する。

③放牧採食の原則：採草放牧地、林間放牧における家畜の放牧行動による飼料資源の有効利用。

【家畜の健康と福祉のための環境整備の原則】

①放牧飼育の最低基準を設ける原則：放牧酪農、放牧肉牛、放牧養豚、放牧養鶏などの放牧基準を設ける。

②畜舎飼育システムの福祉原則：コーデックス有機基準を遵守する。

【家畜糞尿の環境汚染防止の原則】

コーデックス有機基準を遵守する。

【生物多様性の保全の原則】

①豊かな生物生態系の維持回復のための輪作原則：単作土地利用から輪作、粗放的放牧、低・不耕起栽培によって地域の生物多様性を保全する。

②野生動植物の種の保全、絶滅危惧種の保全の原則：地域の希少種の保全のため生息地ビオトープを設置する。

このような原則の適用によって日本型有機畜産および日本型有機転換畜産を実現するためには、農業者、消費者市民、食品産業、政策担当者が協働し有機畜産アグリフードシステムを構築しなければならない。農業者は、有機畜産技術および慣行畜産から有機畜産への転換技術を習得することが必須であり、また事業開始時には販売チェーンを構築して価格、販売量をもとにした経営戦略と年次経営計画の策定が必要である。この販売チェーンの構築は消費者および食品企業との共同開発が不可欠である。消費者は、その従来からの消費価値観の転換と有機畜産物への多様な経済サポート体制の独自な研究開発が必要である。食品企業は、そのような消費者市場ニーズの把握によって経営戦略を策定し、とくにチェーン開発（R&D）のリーダーとしてプレミアム価格の設定などをすすめることが重要である。

日本型有機畜産アグリフードシステムの開始にとって重要となるのは政策的な支援事業である。EUの事例でみたように、アムステルダム条約のような上位の法律から共通農業政策、有機畜産規則、各種家畜福祉指令など手厚い有機農業支援の法的・政策的な体系がつくられている。日本の農政においては、旧基本法農政がすすめてきた加工型畜産振興の畜産政策についての全面的反省とそこからの脱皮が検討されていない。そのため、先進国では極めて珍しいことであるが有機農業の振興についての法律がなく、それ故農業政策に有機農業関連の政策が皆無である。このような政策担当者や政治の低いレベルを動かしていくためには、農業者と消費者市民、食品産業が一体となった政策理念の大改革を促す行動が大いに期待される。助成政策としては、有機農業および有機転換農業への直接支払政策、有機農業についての研究教育機関の設置助成政策、有機アグリフードチェーンの研究開発資金の助成政策などを含め、早急に体系的な整備がなされることが求められる。

とくに家畜福祉については、二〇〇五年五月にはＯＩＥの総会で家畜福祉の世界基準が決定される見込みであり、この分野での日本の対応が迫られることを契機として、日本の農業者、消費者市民、食品産業、政策担当者の間での議論が活発に行なわれることが期待される。同時に、家畜福祉の研究分野は欧米では獣医・畜産研究の中核になっており、日本の研究者の積極的な取組みが期待される。

[資　料]

有機生産食品の生産、加工、表示及び販売に係るガイドライン（抄訳）

本ガイドラインは、1999年7月に開催された第23回コーデックス総会において国際ガイドラインとして採択されたもの（畜産物に係るものを除く）及び2001年7月に開催された第24回総会において採択されたもの（畜産物に係るもの）である。

JOINT FAO/WHO FOOD STANDARD PROGRAMME
CODEX ALIMENTARIUS COMMISSION
Twenty-fourth Session
Geneva, 2-7 July 2001

目　次

（付属書3）　検査制度の下での最小限の検査要件及び事前措置

前文

1、本ガイドラインは、有機生産食品の生産、表示、強調表示（宣伝）を行う際の基盤となる要件の作成について、一致した取り組み方を提供することを目的として作成されたものである。

2、本ガイドラインの目的は、

● 市場における欺瞞や不正行為、及び実態のない産品の強調表示（宣伝）から、消費者を保護し、

● 他の農産品が有機であるという誤った表現から、有機産品の生産者を保護し、

● 生産、調製、貯蔵、輸送及び販売のすべての過程が検査を受け、本ガイドラインに従ったものであるよう担保し、

● 有機的に栽培される産品の生産、認証、素性の確認、及び表示についての規定を調和させ、

● 輸入を目的として、各国の制度を同等なものとして受け入れる際の手助けとなる、有機食品の規制制度に関する国際ガイドラインを提供し、

● 各国の有機農業システムを維持・増進して、地域及び世界的な環境保全に資することである。

3、本ガイドラインは、現段階では、生産及び販売基準、検査の整備、及び表示の要件等の点からみた、有機産品に対する要件の正式な国際的調和へ向けた最初のステップにある。この分野ではこのような要件の作成やその実施についての経験が、依然として非常に限られたものである。その上、有機的生産方法についての消費者の認識は、ある意味些細ではあるが重要な規定について、世界の各地域毎に違う可能性がある。従って、現段階においては、以下のように認識しておくべきである。

●本ガイドラインは、各国が有機食品の生産、販売、表示を規制する国内制度を作り上げていく際の助けとなる有効なツールであること

●技術的進歩及びガイドライン実施に伴う経験を加味するために、ガイドラインには適期的な改善及び更新が必要であること

●本ガイドラインは、加盟国が消費者からの信頼を維持し、ガイドラインの不正な履行を防ぐために、より制限的な取り決めやより詳細な規則を実施すること、及びそのような規定を同等性の原則に基づいて、他の国から産品に適用することを妨げないこと

4、本ガイドラインは、農場、調製、貯蔵、輸送、表示及び販売過程における有機生産の原則を述べ、肥沃化・土壌改良、動植物の病害虫防除に用いる投入資材、及び食品添加物・加工助材について、許容されるものとして認められたものを示すものである。表示については、有機的生産方法が適用されたということを意味する用語の使用は、認証団体或いは当局の監督下のオペレーターから得られた産品に限定される。

5、有機農業は、環境を支援するような広範囲な方法論のうちの1つである。有機生産システムは、明確で詳細な生産基準を基本にしており、その生産基準は、社会的、生態学的、経済的に持続可能である最適な農業生態系を達成することを目的としている。「生物学的」、「生態学的」といった用語も有機システムをより明確に記述しようとする際に用いられる。有機的に生産される食品についての要件は、生産工程が産品の素性の確認、表示、強調表示の本質的な部分であるという点が、他の農産物の場合と異なっている。

6、「有機」とは、有機生産基準に従って生産され、正式に認可された認証団体又は当局に認証された産品を示すラベリング用語である。有機農業は外

部からの投入を最小にし、合成肥料及び農薬の使用を避けることを基本としている。有機農業を実践したからといって、全般的な環境汚染のため、産品に残留が完全にないことを保証できない。しかし、空気、土壌、水の汚染を最小にする方法が用いられる。有機食品を扱う人、加工業者及び小売業者は、有機農産品の瑕疵のない状態を維持するために基準を厳守する。有機農業の第1の目的は、土壌活性、動植物、人間といった相互依存的なグループの健康及び生産性を最適にすることである。

7、有機農業は、生物多様性、生物サイクル及び土壌生物活性を含む、農業生態系の健全さを推進し高めるような総合的生産管理システムである。各地域の条件にはその地域にあったシステムが必要であることを考慮して、農業由来でない資材投入よりはむしろ管理実践の利用に重点を置いている。このことは、そのシステム内で何らかの特定の機能を達成するに当たって、化学合成資材を利用するのと対照的に、可能ならば、耕種的、生物的、機械的方法を用いることで達成される。

有機生産システムは、

(a) システム全体内で生物多様性を強化し、

(b) 土壌生物活性を増し、

(c) 長期的な土壌肥沃度を維持し、

(d) 土壌に栄養を戻すために動植物由来の廃棄物を再利用し、結果として再生できない資源の利用を最小限にし、

(e) 地域的に構築された農業システムにおいて回復可能な資源に依ることとし、

(f) 農業を行った結果、生じうるあらゆる形態の土壌、水、空気の汚染を最小にするのと同時にそれらの健全な使用を推進し、

(g) 全ての段階で、産品の有機としての瑕疵のない状態及び重要な品質の保持のために、注意深い加工方法を重要視し、農産品を扱い、

(h) 土地の経歴、生産される作物と家畜の種類のよ

うな圃場特有の要因で決定される適切な長さの転換期間を経て、あらゆる現存する農場に確立されるものとなるよう、設計されたものである。

8、消費者と生産者の密接な提携という概念は、長きにわたって確立された慣例である。市場の需要の拡大、生産における経済的関心の増大、及び生産と消費との距離の拡大により、外部からの規制と認証手続の導入の必要性が高まっている。

9、認証の根幹は、有機的管理システムを検査することである。オペレーターの認証手続は、基本的には、オペレーターが検査団体の協力の下に作成する農業経営体の年次報告に基づくものである。同様に、加工段階においても、加工管理と製造施設の状態を検査し、認定することが可能となるような基準が作成されている。検査手続が認証団体又は当局によって行われる場合にあっては、検査及び認証の役割がはっきりと区分されていなければならない。その中立性を維持するため、オペレーターの工程を認証する認証団体或いは当局は、オペレーターの認証に付随する経済的な利益には無関係であるべきである。

10、農家から消費者へ直接販売される一部の農産物は別として、大部分の産品は既存の流通経路を通じて消費者に供給される。市場での欺瞞的行為を最小にするためには、流通及び加工業者が効率的に監査されることを担保する特定の措置が必要である。従って、最終産品よりはむしろ生産工程を規制することで、全ての関係者に対し責任ある行動を要求することとなる。

11、輸入の要件は、「食品の輸出入の検査・認証のための原則」において記述されているように、公平性及び透明性の原則を基礎とする必要がある。輸入有機産品の受入れにおいては、国は通常、輸出国において適用された検査・認証手続及び基準を評価調査する。

脚注1：CAC/GL20-1995

12、有機的生産システムは今後とも発展し、有機の原則及び基準は将来的に本ガイドラインの下で充実するであろうことに鑑み、コーデックス委員会・食品表示部会（CCFL）は本ガイドラインを定期的に見直されなくてはならない。食品表示部会は、部会の開催に先立って、本ガイドラインに対する修正に関して、加盟国政府及び国際機関から部会に提案してもらう機会を設けることによって、見直しの手続を開始しなければならない。

第2章 解説及び定義

2-1 解説

食品が有機的生産方法に言及して良いのは、それらが、持続可能な生産性を成立させる生態系を育み、相互に依存する生物の多様な組み合わせ、植物及び動物の残さのリサイクル、作物の選択と輪作、水管理、耕うんによる雑草、病気及び害虫の防除を行うことを目指す管理実践を用いた有機的農耕システム由来のものである場合であるべきである。土壌の肥沃度は、土壌資源を保全するだけでなく、植物及び動物が生きるためにバランスのとれた栄養を供給する手段である、土壌生物の活動及び土壌の物理性・ミネラル状態を最適にするようなシステムによって維持・増進される。生産は、植物養分のリサイクルを肥沃化戦略の必須な部分とした、持続可能なものであるべきである。病害虫防除は、均衡のとれた作物（宿主）と病害虫（捕食者）の関係の促進、益虫の増加、生物的及び耕種的防除並びに病害虫及び損傷部の物理的除去により達成される。

有機的な家畜飼養の基本は、土地、植物と家畜の調和のとれた結びつきを発展させること及び家畜の生理学的及び行動学的要求を尊重することである。これは、有機的に栽培された良質な飼料の給与、適切な飼養密度、行動学的要求に応じた動物の飼養体系、及びストレスを最小限におさえ、動物の健康と福祉の増進、疾病の予防並びに化学逆症療法（allopathic）の動物用医薬品（抗生物質を含む）の使用を避けるような管理方法を組み合わせることによって達成される。

（付属書1）

有機的生産の原則

B　家畜及び畜産物

一般原則

1、有機産品のために家畜が飼育されている場合は、当該家畜は有機農場の不可欠の一部として、かつ、本ガイドラインに従って飼育されるべきである。

2、家畜は、以下により、有機農業システムに重要な貢献をしてよい。

(a)　土壌の肥沃度の向上と維持

(b)　放牧を通じた植生の管理

(c)　生物多様性の増大及び農場における補足的な連携の促進、及び

(d)　農業システムの多様性の拡大

3、畜産は土地と関連した活動である。草食動物については草地へのアクセスが、その他の家畜については野外の飼育場へのアクセスが与えられなければならない。所管官庁は、動物の生理的状態、厳しい気候条件、及び土地の状態がそれを許す場合や、あるいは一定の「伝統的」農業システムの構造が草地へのアクセスを制限する場合は、動物の福祉が保証されうる限りにおいて、例外を認めることができる。

4、家畜の飼養密度は、飼料の生産能力、家畜の健康状態、栄養のバランス及び環境への影響を考慮し、当該地域にとって適切なものとすべきである。

5、有機畜産経営は、自然の繁殖方法を利用し、ス

トレスを最小限にし、疾病を予防し、化学逆症療法の動物用医薬品（抗生物質を含む）の使用を段階的に廃止し、動物由来の産品（例えば、ミートミール）の動物への給与を削減し、動物の健康及び福祉を維持することを目指すべきである。

家畜の源／由来

6、品種や系統及び繁殖方法の選択は、有機農業の原則に従うものでなければならず、特に以下を考慮しなければならない。

(a) 当該地域条件への適応性

(b) 活力や抗病性

(c) 一部の品種や系統に関連する特定の疾病や健康上の問題がないこと（豚のストレス症候群、自発性流産等）

7、本ガイドラインの第1章1(a)を満たす産品のために使用される家畜は、誕生又は孵化したときから、本ガイドラインに合致した生産農場に由来するもの、又は本ガイドラインに定められた条件で飼育された両親の子供でなければならない。これらの家畜は、その生涯を通じ、本システムの下で飼育されなければならない。

● 家畜は、有機農場と非有機農場の間を移動できない。所管官庁は、本ガイドラインに合致する他の農場からの家畜の購入のために詳細な規則を定めてよい。

● 本ガイドラインに合致しない家畜生産ユニットに存在する家畜は、転換することができる。

8、オペレーターが前のパラに示した要件を満足する家畜が入手できない旨を公的又は公的に認可された検査／認証機関に示すことができる場合は、公的又は公的に認可された検査／認証機関は、以下のような条件付きで、本ガイドラインに従って飼育されていない家畜を認めることができる。

(a) 農場の大幅な拡張のため、品種の切り替え時又は新たに畜産を開始するとき

(b) 例えば、壊滅的な状況によって家畜の死亡率が高くなった時のように、群を更新する場合

(c) 繁殖用の雄畜

所管官庁は、家畜が離乳後できるだけ速やかに、できるだけ若齢で導入されることに考慮して、非有機起源の家畜が認められるのか否かに関して、特定の条件を設定することができる。

9、前パラに示した例外規定によって認められた家畜は、パラ12に定める条件に合致しなければならない。当該産品を本ガイドラインの第3章に基づき有機として販売する場合には、この転換期間が遵守されなければならない。

転換

10、飼料穀物や牧草のための土地の転換は、本付属書パートAのパラ1、2及び3に定めた規則に合致しなければならない。

11、所管官庁は、次のような場合には、パラ10(土地)及び/又はパラ12(家畜及び畜産物)に定める転換期間あるいは条件を軽減することができる。

(a) 非草食動物により利用される草地、屋外の飼育場及び運動場

(b) 所管官庁により設定された経過期間において、粗放的な農業由来の牛、馬、羊及び山羊、あるいは初めて転換される乳用牛群

(c) 同一農場内で家畜と飼料のみに利用される土地が同時に転換される場合、家畜、草地及び/又は家畜飼料に用いられる土地に係る転換期間は、家畜とその子畜が主として当該農場からの産品を給与されている場合にのみ、2年に短縮することができる。

12、一旦、土地が有機の状態に達して、非有機由来の家畜が導入され、その産品が有機として販売される場合、そのような家畜は、少なくとも次の適用期間を本ガイドラインに従って飼養されなけれ

ばならない。

● 牛及び馬

i 肉製品：有機経営システムにおいて12カ月間、かつ、少なくとも生存期間の4分の3

ii 肉生産のための子牛：離乳後できるだけ速やかに、かつ、6カ月齢未満で導入された場合には6カ月間

iii 乳製品：所管官庁によって設定される経過期間中は90日間、それ以降は6カ月間

● 羊及び山羊

i 肉製品：6カ月間

ii 乳製品：所管官庁によって設定される経過期間中は90日間、それ以降は6カ月間

● 豚

● 肉製品：6カ月間

● 家禽／採卵鶏

i 肉製品：所管官庁によって決められた全生存期間

ii 6週間

栄養

13、全ての家畜システムは、本ガイドラインの要件に沿って生産された飼料（「転換中の」飼料を含む）から最適水準である100％の餌を供給すべきである。

14、所管官庁によって定められた経過期間において、乾物重量ベースで反すう畜の場合は最低85％、非反すう畜の場合は最低80％の本ガイドラインに合致して生産された有機資源由来の飼料を給与されることにより、その畜産物は有機の資格を維持する。

15、上記の規定にかかわらず、オペレーターが、例えば予見することのできない厳しい天災又は人災、あるいは極端な気候条件等の結果として、上記パラ13で定められた要件を満たす飼料が入手できな

いことを、公的又は公的に認可された検査／認証機関に示すことができる場合には、当該検査／認証機関は、遺伝子操作／組換え生物又はそこからの産品を含まないことを条件に、限られた期間、本ガイドラインに従って生産されていない飼料を一定の限られた割合で給与することを認めることができる。所管官庁は、この例外規定に関する非有機飼料の最大給与割合とその条件を認定すべきである。

16、家畜飼料は、以下について考慮されるべきである。

- 若齢の哺乳動物は、自然の乳、可能であれば、母乳を必要とすること
- 草食動物の日常の飼料における、乾物の相当部分は、粗飼料である生草、乾草又はサイレージで構成される必要があるということ
- 複胃動物に対してはサイレージのみを給与すべきではないということ
- 肥育段階の家禽は穀物を必要とすること
- 豚や家禽の日常の飼料における、粗飼料である生草、乾草又はサイレージの必要性

17、全ての家畜は、十分な健康と活力を維持できるように、新鮮な水への十分なアクセスが確保されなければならない。

18、物質が飼料、栄養要素、飼料添加物や飼料の調製の際の加工補助材として使われる場合には、所管官庁は、以下の基準に合致する使用可能な物質のリストを作成すべきである。

(a)　一般基準

- 当該物質が家畜飼料に関する国の法令に基づき認められていること、かつ
- 当該物質が動物の健康、福祉及び活力の維持に必要／不可欠であること、かつ
- 当該物質が
  - 対象畜種の生理学的及び行動学的な要求

を満たす適切な飼料摂取に寄与し、

● 遺伝子操作／組換え生物又はそこからの産品を含まず、

● 主として、植物、ミネラル又は動物由来であること

(b) 飼料及び栄養要素に関する特別な基準

● 非有機の植物に由来する飼料は、パラ14及び15の条件下で、化学溶媒又は化学的処理を行わないで生産又は調製されたものであれば使用してよい。

● ミネラル由来飼料、微量要素、ビタミン、ビタミン前駆体は、天然由来のものであれば使用してよい。このような物質が不足するか又は例外的な状況下においては、化学的に十分精製された類似物質を使用することができる。

● 動物由来飼料は、乳及び乳製品、魚、その他の水産動物及びこれらに由来する産品を除いて、又は国の法令に基づくものでなければ、基本的には給与すべきではない。どのような場合であっても、反芻動物に対する乳及び乳製品以外の哺乳類由来物質の給与は認められない。

● 合成窒素又は非タンパク態窒素化合物は使用すべきではない。

(c) 添加物及び加工補助材に関する特別な基準

● 結着剤、凝固防止剤、乳化剤、安定剤、濃縮剤、界面活性剤、凝固剤：天然由来の物のみ認められる。

● 抗酸化剤：天然由来の物のみ認められる。

● 保存料：天然の酸のみ認められる。

● 着色料（色素を含む）、香料及び食欲増進材：天然由来の物のみ認められる。

● プロバイオティックス（訳注：体内微生物バランスを改善することにより、宿主動物に有利に作用する生きた微生物添加剤）、酸素及び微生物は認められる。

● 抗生物質、抗コクシジウム剤、医薬物質、

成長促進剤、成長促進又は成長促進効果のある物質は、動物飼料として使用すべきではない。

19、サイレージの添加物又は加工補助剤は、遺伝子操作／組換え生物又はそこからの産品を含んではならず、以下の物から構成されるべきである。

● 海塩
● 岩塩
● 酵母
● 酵素
● ホエイ
● 砂糖又は糖みつ等の砂糖製品
● はちみつ
● 乳酸菌、酢酸菌、蟻酸菌及びプロピオン酸菌、又は気候条件から十分な発酵を確保することができず、かつ、所管官庁の許可がある場合には、これから作られた天然の酸

衛生管理

20、有機家畜生産における疾病の予防は、以下の原則に基づくべきである。

(a) 上記パラ6に規定されている適切な品種又は系統の選択

(b) 抗病性を強化し、感染を予防するなど、それぞれの畜種の要求に応じた適切な家畜飼養管理の実施

(c) 動物本来の免疫力を増強させる、定期的な運動及び放牧地及び／又は野外の飼育場へのアクセスとともに、良質な有機飼料の使用

(d) 適切な飼養密度の確保、過密飼養及びそれによる動物の健康問題の回避

21、上記の予防的措置にもかかわらず、動物が疾病にかかり又は、傷害を負った場合は、必要に応じ隔離畜舎又は適切な畜舎において、速やかに処置されなければならない。生産者は、治療を控えることが家畜に不必要な苦しみを与える場合には、

たとえ当該治療の実施により当該動物が有機の状態を失うとしても、治療を控えるべきではない。

22、有機農業における動物用医薬品の使用は、以下の原則に合致しなければならない。

(a) 特定の疾病又は健康上の問題が発生、又は発生の可能性があり、他に認められた治療方法や管理方法がない場合、又は法律で義務付けられている場合には、家畜へのワクチン接種、駆虫薬の利用又は動物用医薬品の治療目的での使用は認められる。

(b) 植物療法(抗生物質を除く)、類似療法(ホメオパシー)又は古代療法による産品及び微量要素が、その畜種に治療効果があり、その適用条件が確認されている場合においては、化学逆症療法の動物用医薬品や抗生物質に優先して使用されなければならない。

(c) 上記の産品が疾病や傷害にとって効果的でない場合には、獣医師の責任において、化学逆症療法の動物用医薬品や抗生物質を使用することができる。この場合、休薬期間は法律で義務付けられている期間の2倍とし、いずれの場合にあっても最低48時間以上とすべきである。

(d) 化学逆症療法の動物用医薬品や抗生物質の予防目的での使用は禁止される。

23、ホルモン処置は、治療のためであって、かつ、獣医師の監督下で行われる場合に限り、用いることができる。

24、成長促進剤、成長促進又は生産促進効果のある物質は、認められない。

家畜の管理、輸送及びと畜

25、家畜の管理は、生物に対する保護、責任及び尊重の態度で行われるべきである。

26、繁殖方法は、以下の点を考慮した有機農業の原則に従って行われるべきである。

(i) 当該地域条件及び有機体系下で飼育するのに適した品種及び系統

(ii) 人工授精を用いることはできるが、自然の方法での繁殖が望ましいこと

(iii) 受精卵移植技術及びホルモンによる繁殖処置は使用してはならないこと

(iv) 遺伝子工学を用いた繁殖技術は用いてはならないこと

27、ひつじの尾に対するゴムバンドの使用、断尾、切歯、くちばしのトリミング及び除角のような処置は、有機管理システムでは基本的には認められない。しかし、これらの処置の一部は、安全のため(例えば、若齢動物の除角)、又はそれが当該家畜の健康や福祉の改善を目的としたものである場合には、所管官庁やその指定する者により許可され得る。こうした処置は、最も適した月齢の時に行われなければならず、かつ、当該動物への苦痛は最小限に抑えなければならない。(用いることが)適切な場合には、麻酔が用いられるべきである。外科的去勢は、産品の品質及び伝統的な生産方法(肉用の豚、雄牛、雄鶏等)の維持のためであって、上記の条件の下でのみ認められる。

28、生育条件や環境管理は、当該家畜に固有の行動学的な要求を考慮すべきであり、かつ、以下が提供されるべきである。

● 十分な自由運動及び正常な行動パターンを示すための機会

● 他の動物、特に同種の動物との同居

● 異常な行動や傷害、疾病の防止

● 火災の発生、基本的な機械の故障及び供給の混乱等の緊急事態への対応体制

29、家畜の輸送は、静かに優しく、かつ、ストレス、傷害や苦痛を避けるように行うべきである。所管官庁は、このような目的に合致する個別の条件を

定めるべきであり、また、輸送時間の上限を定めることができる。家畜の輸送に当たっては、電気刺激や化学逆症療法の精神安定剤の使用は認められない。

30、と畜は、ストレスや苦痛を最小限にする方法で、かつ、各国の規則に従って行うべきである。

畜舎及び放牧地の条件

31、動物が戸外で生存できる気候条件の地域において、畜舎での飼養は、義務的なものではない。

32、畜舎の条件は、以下により、家畜の生物学的及び行動学的な要求を満たすべきである。

● 飼料や水への容易なアクセス

● 空気の循環やほこり、温度、空気の湿度、ガスの濃度が家畜に対して害を与えない範囲内に保たれるような畜舎の断熱、暖房、冷房及び換気

● 十分な自然の換気や採光

33、家畜は、気候の厳しい期間、その生産段階に応じて、その健康や安全又は福祉が脅かされる場合、又は植物や土壌や水質を保全するために、一時的に畜舎に囲うことができる。

34、畜舎内の飼養密度は、以下のようにあるべきである。

● 畜種や品種、年齢に応じた家畜の快適性及び福祉の提供

● 家畜の群の大きさや性に応じた家畜の行動学的な要求への配慮

● 自然に立ったり、簡単に横になったり、方向転換したり、自分で身づくろいするための十分なスペースを提供し、伸びをしたり、羽ばたいたりする全ての自然の姿勢や動きができるようにすること

35、畜舎、畜房、装置及び用具は、相互感染や疾病を媒介する微生物の集積を防止するため、適切に清掃、消毒されるべきである。

36、放牧場、野外の運動場又は野外の飼育場において、必要な場合には、地域の気候条件や当該品種に応じて、雨や風、日光、適度の温度に対する十分な保護が提供されるべきである。

37、草地や草原、その他の自然又は半自然の環境で飼育されている家畜の野外での飼養密度は、土壌の侵食や過放牧を防止するのに十分低い水準でなければならない。

哺乳類

38、すべての哺乳類は、草地、野外の運動場又は一部が覆われていても許される放牧場にアクセスできなければならず、かつ、当該動物の生理学的状態、気候条件及び土地の状態が許すときはいつでも、これらの場所を利用できるようにしなければならない。

39、所管官庁は、次のような例外を認めることができる。

● 雄牛の草地へのアクセス、雌牛の場合は冬期における野外の運動場又は飼育場へのアクセス

● 肥育の最終段階

40、畜舎は、平坦でありながら滑らない床でなければならない。床は、全面がスノコ又は格子構造であってはならない。

41、畜舎は、快適・清潔で乾いた、しっかりした構造の十分な広さの横臥／休息場所を有しなければならない。休息場所には、敷料を敷いて十分に乾いた寝床がなければならない。

42、子牛の単飼及び家畜のつなぎ飼いは、所管官庁

の許可がない限り認められない。

43、雌豚は、妊娠末期及び哺乳期間中を除き、群で飼わなければならない。子豚は、平坦な床上や子豚用ケージで飼育すべきでない。運動場は動物が排せつしたり、地面を掘ったりできるようにしなければならない。

44、うさぎをケージで飼育することは認められない。

―家禽

45、家禽は、屋外の条件で飼育され、かつ、気候条件が許すときはいつでも野外の飼育場に自由にアクセスできなければならない。家禽をケージで飼育することは認められない。

46、水禽類は、気候条件が許すときはいつでも小川や池、湖にアクセスできなければならない。

47、家禽舎には、わら、オガクズ、砂又は芝のような敷料を用いた安定した構造の場所があるべきである。採卵鶏の集ふんのため、十分な広さの床が利用可能でなければならない。当該品種や群及び鳥の大きさに釣り合った、大きさ及び数の止まり木／高床の休息場所と十分な大きさの出入口がなければならない。

48、採卵鶏の場合、自然日長が人工照明により延長される場合には、所管官庁は品種、地理的条件及び動物の一般的な健康を考慮し、最長照明時間を定めなければならない。

49、健康上の理由から、家禽を飼育する畜舎においては群間には空間を設けるべきであり、運動場は草が再生できるように空いた状態にすべきである。

排せつ物の管理

50、家畜が飼育されている畜舎、畜房又は草地における持続可能な排せつ物の管理方法は、以下の方法で行われるべきである。

（ⅰ）土壌や水質の劣化を最小限にすること

（ⅱ）硝酸塩や病原性微生物による水質の汚染に大きく寄与するものでないこと

（ⅲ）養分のリサイクルを最適にすること、及び

（ⅳ）焼却や有機的な方法と合致しない手法を含まないこと

51、排せつ物の貯蔵施設やたい肥化施設を含む処理施設は、地下水及び／又は地表水の汚染を防止するように設計、建設及び運営されるべきである。

52、排せつ物の施用量は、地下水及び／又は地表水への汚染をもたらさないような量にすべきである。所管官庁は、排せつ物の最大施用量又は飼育密度を定めることができる。排せつ物の施用時期や施用方法は、池や河川への流出の可能性を増大させるものであるべきではない。

記録及び個体識別

53、オペレーターは、付属書3パラ7―15の規定に従い、詳細かつ最新の記録を保存しておくべきである。

表1：肥料及び土壌改良資材として使用する資材

資材	説明、構成要件、使用条件
農場の堆肥及び家禽糞堆肥	有機生産システム由来でなければ、認証団体又は当局の認可が必要。「工場」[20]農場由来は、認められない。

脚注20：「工場」農場とは、有機農業で許可されない家畜の病

気治療に関するもの及び飼料の投与に重度に依存した工業的管理システムのことをいう。

スラリー又は尿	有機生産システム由来でなければ、検査団体の認可が必要。管理された発酵及び／又は適切な希釈がなされたものの使用が好ましい。「工場」農場由来は、認められない。
堆肥化された家畜排泄物、家禽厩肥	認証団体又は当局による認可が必要。
厩肥、堆肥化された農場の厩肥	「工場」農場由来は認められない。
乾燥した農場の厩肥、脱水した家禽堆肥	認証団体又は当局による認可が必要。「工場」農場由来は認められない。
糞化石（グアノ）	認証団体又は当局による認可が必要。
わら	認証団体又は当局による認可が必要。
使用済みの菌床及び昆虫幼虫培地由来の堆肥	認証団体又は当局による認可が必要。培地の主たる構成物は、この表にある産品に限定されること。
有機質の家庭廃棄物由来の堆肥	認証団体又は当局による認可が必要。
植物残さ由来の堆肥	—
と畜場及び水産加工場からの加工済動物性産品	認証団体又は水産物産業の当局による認可が必要。

表4：本ガイドライン第3章でいう農業由来産物の調製の際に使用することができる加工助材

名称	特別の条件
畜産物及びみつばちの生産物	
以下については、畜産物及びみつばちの生産物の加工に限った暫定的なリストである。第5章のパラ2に掲げられたように、各国は国内向けにガイドラインの要件を満たす資材リストを作成することができる。	
炭酸カルシウム	—
塩化カルシウム	チーズ製造における凝固剤
カオリン	プロポリスの抽出
乳酸	乳製品：凝固剤、チーズの塩漬におけるpH調整剤
炭酸ナトリウム	乳製品：中和剤
水	—

（付属書3）

検査あるいは認証制度の下での最小限の検査の要件及び事前措置

7、全ての家畜は個体ごとに、小型のほ乳類あるいは家禽の場合は群又は集団ごとに、みつばちの場合は巣箱ごとに識別されるべきである。書面にした、及び／又は文書化された会計書類は、いつでもシステム内の家畜及びほう群を追跡できるように、そして監査のため適切に調べ出すことができるように維持すべきである。オペレーターは、以下の事項につき詳細な、かつ、最新の記録を維持すべきである。

(i) 家畜の品種及び／又は起源

(ii) 購買の記録

(iii) 疾病、傷害及び繁殖問題の予防及び管理のための衛生計画

(iv) 検疫期間及び治療を受けている家畜の特定を含めてあらゆる目的で施された全ての治療及び薬品

(v) 給与した飼料及び飼料原料の由来

(vi) ユニット内の家畜の移動

(vii) 運送、と畜及び／又は販売

(viii) 全ての養ほう生産物の抽出、加工、貯蔵

13、有機畜産において、同一の生産ユニットにおける全ての家畜は、本ガイドラインに定められた規則に従って飼育されなければならない。しかし、本ガイドラインに従って生産された家畜と明らかに区別されている場合には、本ガイドラインに従って飼育されていない家畜も有機農場において存在することができる。所管官庁は、異なる畜種のように、より厳しい措置を規定してよい。

14、所管官庁は、本ガイドラインの規定に従って飼育されている家畜が、以下の条件の下に共通の土地で放牧されうることを認めることができる。

(a) 当該土地が、少なくとも3年間は、本ガイドラインの第4章1(a)及び(b)に合致した物質以外の物質で処理されていないこと

(b) 本ガイドラインの規定に従って飼育されている家畜とそれ以外の家畜が明確に分離されること

15、家畜生産に関して、所管官庁は、この付属書の他の規定の適用を妨げることなく、消費者への販

売に至る生産及び調製の全ての段階に関連する検査が、技術的に可能な限り、家畜生産ユニットから加工及び他の調製を経て最終的な包装及び／又は表示に至るまで、家畜及び畜産物の追跡可能性を確保すべきである。

<執筆分担>

はじめに　松木洋一
序　章　1，2，4　松木洋一
　　　　3　フィリップ・リンベリー
第1章　1　永松美希
　　　　2　永松美希、チャールズ・マクリーン
　　　　3　永松美希、ヘレン・ブローニング
第2章　1　原　耕造
　　　　2　萬田富治
　　　　3　中洞　正
　　　　4　魚住道郎
　　　　5，6　永松美希
　　　　7　太田　亨、藤田和芳
　　　　8　富樫幸男
　　　　9　長田雅宏、酒井良則、吉村　格、松木洋一
　　　　10　秋川　実
　　　　11　竹内正博
第3章　1，2　永松美希
　　　　3　松木洋一
第4章　1　野上ふさ子
　　　　2　佐藤衆介
　　　　3　永松美希、松木洋一

<初出>（タイトルは原題、記述のないものは書き下ろし）

第2章1　「宗谷岬肉牛牧場の全農安心管理システム」『畜産の研究』2002年12月号
　　　3　「成牛24頭・育成16頭、周年昼夜自然放牧」『農業技術体系・畜産編第2巻』農文協
　　　4　「有機畜産入門以前」『畜産の研究』2002年10月号
　　　5　「日本と欧米のオーガニックミルクの課題と展望（12）」『畜産の研究』2004年2月号
　　　6　「日本と欧米のオーガニックミルクの課題と展望（2）」『畜産の研究』2000年1月号
　　　9　「富士ミルクランド「有機の里」づくり」の展開」『畜産の研究』2004年3月号
　　　10　「食の宅配ネットワーク」『畜産の研究』2001年1月号
　　　11　「石井養鶏農業協同組合における有機養鶏の実践とワクチン卵内接種免疫研究開発」『畜産の研究』2002年10月号

<編著者>
松木洋一（まつき よういち）日本獣医畜産大学教授
永松美希（ながまつ みき）日本獣医畜産大学専任講師
<執筆者（執筆順）>
フィリップ・リンベリー　世界動物保護協会（WSPA）国際交流部長
チャールズ・マクリーン　元シープドローブマネジャー
ヘレン・ブローニング　イーストブルックファーム農場主
原　耕造（はら こうぞう）ＪＡ全農大消費地販売推進部次長
萬田富治（まんだ とみはる）北里大学フィールドサイエンスセンター長、教授
中洞　正（なかほら ただし）中洞牧場
魚住道郎（うおずみ みちお）魚住農園
太田　亨（おおた とおる）（株）大地　商品グループ農畜水産チーム チーム長
藤田和芳（ふじた かずよし）大地を守る会代表
富樫幸男（とがし ゆきお）（株）ニチレイ畜産部食鳥グループマネジャー
長田雅宏（おさだ まさひろ）日本獣医畜産大学富士アニマルファーム
酒井良則（さかい よしのり）ＪＡ富士開拓参事
吉村　格（よしむら いたる）日本獣医畜産大学富士アニマルファーム専任講師
秋川　実（あきかわ みのる）（株）秋川牧園代表取締役社長
竹内正博（たけうち まさひろ）石井養鶏農業協同組合代表理事組合長
野上ふさ子（のがみ ふさこ）地球生物会議 ALIVE 代表
佐藤衆介（さとう しゅうすけ）（独）畜産草地研究所放牧管理部長

日本と EU の有機畜産
—ファームアニマルウェルフェアの実際—

2004年3月31日　第1刷発行

編著者　松木洋一・永松美希

発行所　社団法人 農山漁村文化協会
郵便番号　107-8668　東京都港区赤坂7丁目6-1
電話　03（3585）1141（営業）　03（3585）1147（編集）
FAX　03（3589）1387　　振替 00120-3-144478
URL　http://www.ruralnet.or.jp/

ISBN 4-540-03106-6　　DTP制作／ふきの編集事務所
<検印廃止>　　印刷／（株）光陽メディア
製本／根本製本（株）

農文協・有機農業の本

有機農法
~自然循環とよみがえる生命

J・I・ロデイル著　一楽照雄訳　1950円

ハワードの『農業聖典』に感激し60エーカーの土地で有機農業を実践した記録。有機農法の原典。

ハワードの有機農業

アルバート・ハワード著
横井利直、江川友治、蜷木翠、松崎敏英共訳
上・1850円、下・1700円

化学肥料や農薬を使わない農業の可能性を根圏微生物=菌根の共生を根拠に追求した古典的名著。

有機農業ハンドブック

日本有機農業研究会編　3800円

日本有機農業研究会会員の27年にわたる無農薬・無化学肥料栽培探究の集大成。加工・調理法まで。

有機栽培の基礎知識

西尾道徳著　2100円

有機物施肥法、輪作・有機栄養・養水分ストレス・土壌動物・土壌微生物・水田の活用法を詳解。

わたしの有機無農薬栽培

久保英範著　1400円

堆肥とミミズが土をつくり、クモなどの天敵に委ねる病害虫対策など、有機無農薬の野菜つくり。

発酵利用の減農薬・有機栽培

松沼憲治著　1750円

土着菌による手作り発酵資材で、減農薬・有機40年連作の農家技術を公開。資材の作り方も詳解。

有機物を使いこなす

農文協編　1630円

ボカシ肥、青草液肥から堆肥づくり、微生物資材の利用法まで、有益な微生物を増やす工夫を満載。

有機廃棄物資源化大事典

有機質資源化推進会編　15750円

有機廃棄物を農地や緑地の有用資源に変えるための基本と素材別の堆肥化方法・利用方法。下水処理・生ゴミなど10の優良地域事例も紹介。自治体関係者等も必携の書。

（価格は税込み。改定の場合もございます。）